感谢国家自然科学青年基金项目"生猪规模养殖生态能源系统稳定性反馈仿真研究"（71501085）和国家公派留学基金面上项目（201808360002）的资助

规模养殖生态能源系统的自组织演化

Guimo Yangzhi Shengtai Nengyuan Xitong De Zizuzhi Yanhua

冷碧滨 著

中国社会科学出版社

图书在版编目（CIP）数据

规模养殖生态能源系统的自组织演化/冷碧滨著 . —北京：
中国社会科学出版社，2020.6
ISBN 978 - 7 - 5203 - 5821 - 7

Ⅰ. ①规…　Ⅱ. ①冷…　Ⅲ. ①养猪学—规模饲养—研究
Ⅳ. ①S828

中国版本图书馆 CIP 数据核字（2019）第 279883 号

出 版 人	赵剑英
责任编辑	卢小生
责任校对	周晓东
责任印制	王　超

出　　版	中国社会科学出版社
社　　址	北京鼓楼西大街甲 158 号
邮　　编	100720
网　　址	http：//www.csspw.cn
发 行 部	010 - 84083685
门 市 部	010 - 84029450
经　　销	新华书店及其他书店

印　　刷	北京明恒达印务有限公司
装　　订	廊坊市广阳区广增装订厂
版　　次	2020 年 6 月第 1 版
印　　次	2020 年 6 月第 1 次印刷

开　　本	710 × 1000　1/16
印　　张	16.25
插　　页	2
字　　数	226 千字
定　　价	88.00 元

前　言

　　系统动力学既是一门研究系统动态复杂性的学科，也是一门自然科学与社会科学相互交叉融合的学科。2007 年 7 月，乔伊·福雷斯特（Jay W. Forrester）进一步提出了下一个 50 年系统动力学研究特别要进行反馈理论的应用研究。美国现代管理大师彼得·圣吉（Peter M. Senge）在著名的现代管理专著《第五项修炼——学习型组织的艺术与实务》中指出，社会经济复杂系统基本元素正反馈环、负反馈环、延迟、反馈结构是造成复杂系统整体涌现性最重要原因。其揭示社会、经济系统中存在着很多普遍性管理规律，形成了一种能够揭示复杂系统本质的反馈动态性复杂分析理论与方法。从 20 世纪 90 年代以来，SD 法及其反馈仿真分析方法在世界范围内得到了广泛传播和应用，现今其被广泛应用于交通、能源、信息管理、农业和卫生医疗等领域。

　　2004—2019 年，中共中央连续出台了 16 个指导"三农"工作的"中央一号文件"，"三农"问题是目前我国党和政府工作的重中之重。而生猪规模养殖业作为我国畜牧业和农业的重要产业，对国家经济社会发展和人民生活水平的提高都有不可替代的重要意义。而随着生猪养殖规模的扩大，既带来了管理难度的提高、生产投入的增多，同时也加大了环境污染的风险，对生猪规模养殖粪尿等养殖废弃物大量的集中排放治理已迫在眉睫。

　　本书在对中国生猪规模养殖基本情况分析的基础上，利用国家统计数据对生猪规模养殖的技术效率和环境承载力开展了系统的研究分析，研究认为，中国生猪规模养殖的环境承载力依然严峻。继而利用系统动力学基模开展生猪规模养殖生态能源系统的构建及动力机制分析研究，利用博弈模型分析了生猪规模养殖生态能源系统的影响因素和博弈机理及优化政策。

针对生猪规模养殖生态能源系统有序性减弱现状，本书将研究系统结构复杂性的系统动力学理论与研究系统有序性演化的自组织理论进行结合，实现对系统结构复杂性和系统有序性演化的有机集成研究，以期得出生猪规模养殖生态能源系统有序性演化管理对策，为国家沼气工程政策的制定提供决策依据与实践指导。这为系统的复杂性和行为学上的系统稳定性研究提供了一种研究方法，进一步丰富和完善了系统动力学理论。

在本书撰写过程中，吉雪强同学做了大量的工作。感谢美国内华达大学 Sajjad 教授、中国科学院李兰海研究员、南昌大学贾仁安教授、涂国平教授的精心指导。因笔者水平有限，书中不妥之处也恳请各位读者批评指正，特别恳请从事"三农"问题、系统动力学理论和实践研究的同人提出宝贵意见。

冷碧滨

2019 年 8 月 17 日

目　录

第一章 绪论

第一节 研究背景

农业是立国之本，对于国家的发展至关重要。2004—2019 年，中共中央连续出台了 16 个指导"三农"工作的"中央一号文件"，"三农"问题是目前我国党和政府工作的重中之重。而生猪规模养殖业作为我国畜牧业和农业的重要产业，对国家经济社会发展和人民生活水平的提高都有不可替代的重要意义，是"三农"工作的重点。改革开放以来，我国生猪养殖业持续稳定增长，我国猪肉占世界猪肉总产量的比重在 1985 年仅为 27.5%，到 2018 年增长到 47.79%，将近世界猪肉总产量的一半。我国猪肉生产在畜牧业中处于主体地位，且发展迅速，2018 年，我国生猪存栏量和出栏量分别达 42817 万头和 69382 万头。现在我国生猪产业走上了规模化快速发展道路，习近平总书记在中国共产党第十九次全国代表大会的报告中明确提出，把"发展多种形式适度规模经营，培育新型农业经营主体"作为实施"乡村振兴"战略的主要内容，生猪规模化养殖已经成为我国生猪养殖业的主要养殖模式。

户用生物质资源工程作为一项重要的国家战略，农村沼气工程建设已经成为改变我国农村能源结构，发展低碳农业，减少农村非点源污染，保护生态环境的重要国家战略举措与民生工程。2003—2015 年，在国家投资带动下，经过各地共同努力，农村沼气发展进

入了大发展、快发展的新阶段，截至 2015 年年底，全国户用沼气达
到 4193.3 万户，受益人口达两亿人（《全国农村沼气发展"十三
五"规划》，2017 年）。"十三五"期间，国家进一步加大农村沼气
投资力度，在现有基础上进一步提高户用沼气补贴标准，增强沼气
的持续运作率。沼气作为一种可再生的清洁能源，既有助于解决农
村生活能源短缺的问题，还能降低传统能源对生活环境的污染。然
而，随着户用生物质资源建设的扩大，相当一部分的户用生物质资
源未能发挥其真正的效益，甚至出现户用生物质资源池在短时间内
被废弃的现象。如何适应我国农村新的条件、形势变化，推动农村
沼气工程的产业管理升级和保证沼气工程持续有效利用，是如今农
村沼气工程所面临的重大挑战。

第二节　研究目的和研究意义

生猪养殖规模的扩大，既带来了管理难度的提高、生产投入的
增多，同时也加大了环境污染的风险，对生猪规模养殖粪尿等养殖
废弃物大量的集中排放治理已迫在眉睫。与此同时，户用沼气生物
质资源工程作为重要的民生工程，由于家庭养殖退化，沼气发酵原
料严重短缺，户用生物质资源工程的发展陷入困境，给农村沼气工
程建设提出了新的重要研究课题——生猪规模化养殖环境污染问题
及户用沼气工程使用率降低问题。目前生猪规模养殖企业与地方片
面强调养殖规模的扩大，缺乏对生猪规模养殖环境承载能力的全面
分析与评价，同时与户用生物质资源用户合作发展中的不足，导致
在规模养殖发展的过程中，养殖企业与当地农户利益受损；政府环
境保护与民生改善工程目标的实现面临挑战，严重影响农村经济的
发展和"乡村振兴"战略的实施。因此，对生猪规模养殖与户用生
物质能源合作发展的研究，既需要对企业发展规模进行考虑，又应
当对生猪规模养殖对环境的影响进行考量，同时还需要对影响户用

生物质能源的因素进行探讨。本书一方面针对生猪规模养殖企业的快速发展进行生猪规模养殖技术效率研究及生猪规模养殖环境承载力评价；另一方面针对影响户用生物质能源的因素进行深入调查，同时对生猪规模养殖企业和户用生物质能源用户的合作系统存在的问题进行探讨，并对影响生猪规模养殖企业发展的农地流转问题进行分析。期望通过研究解决生猪规模养殖企业的发展和户用生物质能源工程建设提供理论指导与实践支持，以提高生猪养殖效率，降低生猪规模养殖污染，提升户用生物质能源工程的使用率，推动农村生活质量的提高，以推进"乡村振兴"战略的实施。

本章拟解决以下主要问题：

（1）以增加养殖成本和环境污染为代价而扩大的生猪养殖规模是否能够提高生猪养殖技术效率？生猪养殖业的发展取决于其生产能力的增长，而生产能力的增长又依赖于生产要素的不断投入或生产效率的不断提高，随着我国逐渐摆脱以增加投入要素而带动增长的粗放型经营模式，生产效率的提高已经成为生猪养殖业发展的重要途径。中国生猪产业正在向规模化、集约化、标准化快速推进。生猪养殖规模的扩大，既带来了管理难度的提高、生产投入的增多，同时也加大了环境污染的风险。那么以增加养殖成本和环境污染为代价而扩大的生猪养殖规模是否能够提高生猪养殖技术效率？这是生猪规模化养殖研究必须要探讨的一个问题。

（2）如何系统地评价一个地区环境对于生猪规模养殖的承受能力？现有研究缺乏对生猪规模养殖对养殖地区环境所产生的影响进行系统的评价，难以对生猪规模养殖废弃物处理提供更全面的指导。因此，选取合理指标，构建科学的生猪规模养殖环境承载力评价体系，对于我国生猪规模养殖废弃物污染问题的处理有着重要的意义。

（3）如何适应我国农村新的条件、形势变化，推动农村沼气工程的产业管理升级和保证沼气工程持续有效利用？沼气作为一种可再生的清洁能源，既有助于解决农村生活能源短缺的问题，还能降低传统能源对生活环境的污染，是"乡村振兴"战略不可缺少的绿色能源。近年来，随着农村种养业的规模化发展、城镇化步伐的加快、农村生活用能的日益多元化、便捷化和低价化，农村沼气建设与发展的外部环境发生了很大变化。如何适应我国农村新的条件、形势变化，推动农村沼气工程的产业管理升级和保证沼气工程持续有效利用，是"乡村振兴"战略实施过程中面临的重大挑战。

（4）如何增强农地流转契约的稳定性，减少因违约而造成的利益损失？在我国农地流转过程中，农户土地租赁经营是最为普遍的形式，而将流转双方连接起来的重要纽带是契约，但是，随着流转规模的不断扩大，其所引发的毁约及其利益纠纷已经成为一个突出的问题。不稳定的流转关系，增加了农地流转的无序性，这不但损害了缔约双方的利益，而且不利于流转效率的提升，极大地阻碍了农村土地改革的推行。如何增强农地流转契约的稳定性，减少因违约而造成的利益损失，是深化农村土地改革必须要解决的问题。

（5）如何实现对系统结构复杂性和系统动态有序性的集成研究？生猪规模养殖生态能源系统是一个具有结构复杂性的多主体、多变量动态系统。该复杂系统出现的农户退出系统、政府重视程度不足引起工程质量下降、企业合作意愿降低等问题使系统沿着衰减的方向转化，是系统有序性减弱的表现。因此，生猪规模养殖生态能源系统现存问题是涉及动态系统结构复杂性以及系统有序性演化的综合问题，而实现系统结构复杂性和系统动态有序性的集成研究是推动生猪规模养殖生态能源系统稳定有序发展的关键问题。

第三节　主要创新点

（1）基于我国 2008—2015 年不同规模间生猪养殖的面板数据，借助三阶段 DEA 模型，在排除环境因素及随机误差影响的基础上，对我国不同规模间生猪养殖进行技术效率研究，实现准确描述生猪养殖规模与养殖技术效率之间关系的目的，从而为我国生猪养殖业适度发展提供可靠的依据。

（2）创造性地将自然资源对生猪养殖供给支撑、经济与技术对生猪养殖的发展支持以及环境对生猪养殖污染的承受能力的指标进行综合，提出基于自然—经济技术—环境（NETE）的生猪规模养殖环境承载力评价指标体系。

（3）为描述农村沼气工程运作情况，本书创造性地建立了农村沼气工程设备完整度评分系统，并与现实加以对照，以作为判断沼气持续性运作情况的依据。

（4）借助现代金融市场的风险分散及防范机制，寻求农地流转风险外化通道，以协调农地流转双方的利益冲突。在推动农村金融创新思想的指导下，创造性地将期权交易方式引入农地流转契约模式中，建立农地流转契约期权交易模式，通过支付一定期权权利金，使农地流出方能够在有效规避市场风险的同时享受土地租赁价格上升带来的利益；而农地流入方则能在保证农地经营稳定性的同时提高收益，提高农地经营效率。

（5）构建出研究系统结构复杂性和系统有序性演化相结合的系统自组织演化流率基本入树模型，实现了对复杂结构系统反馈复杂性与动态有序性的有机集成研究。针对具有结构复杂性的生猪规模养殖生态能源系统有序性减弱的现状，本书将研究系统结构复杂性的系统动力学方法和研究系统组织有序性的自组织理论进行综合，构建出研究系统结构复杂性和系统有序性演化相结合的系统自组织演化流率基本入树模型。

第二章 中国生猪养殖的基本情况

第一节 研究背景

自 2004 年起，中共中央已连续出台 16 个"中央一号文件"指导"三农"工作，"三农"问题仍是我国党和政府当前乃至今后很长时间内的重要工作焦点。生猪养殖业，既是我国农业的重要产业，也是农民致富的重要领域。国家统计局数据显示，猪肉生产在我国畜牧业中处于主体地位，2018 年，全年全国猪牛羊禽肉产量 8517 万吨，猪肉产量 5404 万吨，占 63.45%。现今，中国生猪产业正在向规模化、集约化、标准化快速推进。生猪养殖规模的扩大，既带来了管理难度的提高、生产投入的增多，同时也加大了环境污染的风险。那么，以增加养殖成本和环境污染为代价而扩大的生猪养殖规模是否能够提高生猪养殖技术效率？这是生猪规模化养殖研究必须要探讨的一个问题。

生产技术效率的研究能够反映出技术力量在我国生猪养殖中得以发挥的程度，折射出技术更新应用对推动生猪养殖发展的有效程度。从现有研究看，众多学者对于生猪养殖技术效率都进行了研究。潘国言等运用数据包络分析法（DEA 方法），考察了产销对接区域不同省份生猪生产方式的效率。王明利等运用随机前沿分析法（SFA 方法），分析了各生猪主产区的效率差别及不同投入要素对生猪生产的贡献。张园园等则通过 DEA 方法，比较分析了 2000—

2011 年山东省和全国不同饲养规模的生猪生产效率。林杰等采用 DEA—Bad Output 模型测度了 18 个省份不同规模生猪养殖在水资源约束下的环境技术效率。翁贞林等利用 DEA 模型 Malmquist 指数法，分析 4 种生猪养殖模式和年平均全要素生产率情况。张晓恒等分析了我国各地区不同规模生猪养殖个体的技术效率与环境效率状况。王德鑫等基于 DEA—Malmquist 生产率指数法，测度了中国规模化生猪养殖效率的变动情况。杜红梅等构建 SE—DEA 模型，对中国 17 个生猪主产区 2004—2014 年规模养殖的环境效率进行测算。

不难发现，现有文献在进行技术效率评价时，多采用 DEA 方法或 SFA 方法，但是，这两种方法在进行技术效率测评之时，较容易受到环境因素及随机误差的影响。而三阶段 DEA 模型则能够排除环境因素及随机误差所带来的管理无效率影响。为此，本章基于我国 2008—2015 年不同规模间生猪养殖的面板数据，借助三阶段 DEA 模型，在排除环境因素及随机误差影响的基础上，对我国不同规模间生猪养殖进行技术效率研究，期望更为准确地描述生猪养殖规模与养殖技术效率之间的关系，从而为我国生猪养殖业适度发展提供可靠的依据。

第二节　生猪规模养殖现状

一　生猪规模养殖趋势变化

近年来，不具有市场开拓和风险应对能力的散养户不断退出，具有市场开拓、风险应对能力以及具有一定生猪产品加工能力的生猪规模养殖场越来越多，特别是中大规模甚至超大规模的养殖场越来越多，我国生猪养殖业呈现出了明显规模化趋势。由表 2－1 可以看出，年出栏规模 1—49 头的生猪出栏量所占比重由 2002 年的 72.79% 下降到 2010 年的 35.49%，下降了 37.3 个百分点。而相对较大规模的生猪养殖出栏量均呈现出不同程度的上涨，2010 年，100—10000 头中大规模的生猪出栏量比重呈现出较大的上涨幅度，达 29.14 个百分点，生猪养殖规模化趋势非常明显（见表 2-1）。

表 2-1　　　　　　　2002—2010 年生猪规模养殖趋势变化

年出栏	指标	2002 年	2010 年	差值
年出栏规模 1—49 头	出栏数（万头）	44393.24	33149.5	-11243.7
	比重（%）	72.79	35.49	-37.3
年出栏规模 50—99 头	出栏数（万头）	5363.74	11900.9	6537.16
	比重（%）	8.79	12.74	3.95
年出栏规模 100—499 头	出栏数（万头）	5165.14	16087.2	10922.1
	比重（%）	8.47	17.20	8.73
年出栏规模 500—2999 头	出栏数（万头）	2936.32	17874.9	14938.6
	比重（%）	4.81	19.14	14.33
年出栏规模 3000—9999 头	出栏数（万头）	1643.23	8190.6	6547.37
	比重（%）	2.69	8.77	6.08
年出栏规模 10000—49999 头	出栏数（万头）	1283.88	5269.7	3985.82
	比重（%）	2.11	5.64	3.53
年出栏规模 50000 头以上	出栏数（万头）	205.84	927.1	721.26
	比重（%）	0.34	0.99	0.65

资料来源：历年《中国统计年鉴》和《中国畜牧业统计年鉴》。

需要特别指出的是，与 2002 年相比，2010 年，除年出栏规模在 1—49 头生猪出栏量所占比重大幅度下降外，年出栏规模 50—99 头、年出栏规模 100—499 头、年出栏规模 500—2999 头、年出栏规模 3000—9999 头、年出栏规模 10000—49999 头、年出栏规模 50000 头以上的所有更大规模的生猪出栏量比重均呈现了一定幅度的上涨；其中，年出栏规模 500—2999 头的出栏比重涨幅最大，达到了 14.33 个百分点。

由此可以看出，我国生猪产业正朝着规模化养殖方向发展（见图 2-1），生猪规模化养殖已经成为我国生猪业的主要养殖模式，这对稳定猪肉供给、应对市场风险等方面起到了非常重要的作用。

我国生猪产业走上了规模化快速发展轨道，我国生猪产业正朝着规模化养殖方向发展，生猪规模化养殖已经成为我国生猪业的主要养殖模式。基于此，下面对我国不同规模间生猪养殖技术效率进行分析。

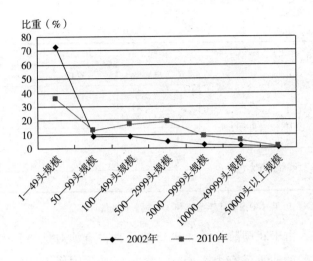

图 2 - 1　2002—2010 年生猪规模养殖趋势

二　生猪不同规模生产基本情况

从猪场（户）数来看，生猪规模养殖 2010 年较 2002 年猪场（户）数减少了 58808549 场（户），减少了 55.81%；年出栏规模 1—49 头的猪场（户）数由 2002 年的 104332671 场（户）降为 44055927 场（户），减少了 57.78%，散养户退出明显（见表 2 -2）。

表 2 - 2　　　　　2002—2015 年生猪不同规模养殖基本情况

年出栏	指标	2002 年	2010 年
总场（户）数	场（户）数	105367514	46558965
年出栏规模 1—49 头	场（户）数	104332671	44055927
	比重（%）	99.02	95.71
年出栏规模 50—99 头	场（户）数	790307	1479624
	比重（%）	0.75	2.73
年出栏规模 100—499 头	场（户）数	212909	758834
	比重（%）	0.2	1.2
年出栏规模 500—2999 头	场（户）数	27495	239246
	比重（%）	0.03	0.32

续表

年出栏	指标	2002 年	2010 年
年出栏规模 3000—9999 头	场（户）数	3242	20685
	比重（%）	0	0.03
年出栏规模 10000—49999 头	场（户）数	862	4388
	比重（%）	0	0.01
年出栏规模 50000 头以上	场（户）数	28	121
	比重（%）	0	0

资料来源：历年《中国统计年鉴》和《中国畜牧业统计年鉴》。

　　但是，由于我国散养场（户）数一直占有绝对优势，因此，其占猪场总数的比重没有太大变化，这也反映我国作为农业大国，农村富余劳动力还保留了一定的散养传统，但相比之下，其生猪生产能力和规模养殖的差距越来越大。正因为考虑到我国散养场（户）数量一直占有绝对优势，其占猪场总数的比重没有太大变化，为更直观地反映我国规模养殖场（户）数的情况，剔除年出栏规模1—49头场（户）数所占比重如图2－2所示。

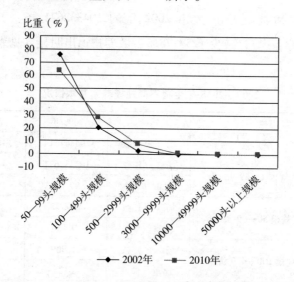

图 2 - 2　2002—2010 年中国生猪不同规模生产比重

资料来源：历年《中国统计年鉴》和《中国畜牧业统计年鉴》。

　　由此可以看出，除50—99头场（户）数的比重下降外，其他更大规模的场（户）数均呈现增加的趋势。需要指出的是，近年来，大规模及超大规模的生猪养殖场越来越多，年出栏规模10000—49999头的养殖场由2002年的862个增长到2010年的4388个，增长了4.09倍，年出栏规模50000头以上超大规模生猪场已经达到了121个，增长了3.32倍。

第三节　研究方法、变量与数据

一　模型构建

　　DEA模型实质上是一种非参数分析法，无须指定生产函数便可以对具有复杂关系的决策单位进行技术效率评价。生猪规模间养殖受人工成本、饲料成本、燃料动力费、水费等多种投入变量的复杂影响，传统的回归技术无法将所有的输入和输出变量纳入模型中。而DEA模型则能够实现对多投入、多产出的决策单元（DUM）的效率评价。三阶段DEA模型是在传统的DEA模型基础之上利用SFA方法排除了环境因素及随机误差所带来的管理无效率影响，能够更为客观地对不同规模间生猪规模养殖技术效率进行评价。本章参考弗里德等（Fried et al.，2012）提出的效率测度模型，建立三阶段DEA模型。

（一）传统DEA模型分析

　　将原始变量代入传统DEA模型中进行分析，测度出各DUM效率。本章采用班克等（Banker et al.，1984）提出的BCC—DEA模型，如式（2.1）所示：

$$\max Y_k = \sum_{r=1}^{s} \lambda_r y_{rk} - \mu (r = 1, 2, \cdots, s; k = 1, 2, \cdots, n)$$

$$s.t. \sum_{i=1}^{m} \theta_i x_{ik} = 1 (i = 1, 2, \cdots, m)$$

$$\sum_{r=1}^{s} \lambda_r y_{rk} - \sum_{i=1}^{m} \theta_i x_{ik} - \mu_k \leqslant 0$$

$$\lambda_r, \ \theta_i \geqslant 0 \tag{2.1}$$

式中，x_{ik} 表示第 k 个 DUM 中的第 i 个投入变量，θ_i 表示第 i 个投入变量的权重系数，y_k 表示第 k 个 DUM 的技术效率，y_{rk} 表示第 k 个 DUM 中的第 r 个产出变量，λ_r 表示第 r 个产出变量的权重系数，μ_k 表示第 k 个 DUM 的规模报酬指标。

（二）SFA 模型分析

第一步，基于随机前沿生产函数，建立多元线性回归模型，然后选取合理的环境变量为解释变量，将第一阶段所得投入变量的冗余变量作为被解释变量，建立多元线性回归模型。

$$S_{ik} = f^i(z_k; \ \beta^i) + \nu_{ik} + \mu_{ik} \tag{2.2}$$

式中，S_{ik} 表示所有 DUM 中的第 k 个 DUM 第 i 个投入变量的投入冗余变量；$f^i(z_k; \ \beta^i)$ 表示环境变量对投入冗余 S_{ik} 所造成的影响；$z_k = (z_{1k}, \ z_{2k}, \ \cdots, \ z_{pk})$，表示 p 个可观测环境变量，ν_{ik} 表示随机误差，其中，$\nu_{ik} \sim N(0, \ \sigma_{vi}^2)$，$\mu_{ik}$ 反映管理无效率。然后，利用式（2.2）结果，调整投入变量，测算出剔除环境因素、随机误差影响的实际投入值。调整方法如下：

$$\hat{x}_{ik} = x_{ik} + [\max_k(z_k \hat{\beta}^i) - z_k \hat{\beta}^i] + [\max k(\hat{\nu}_{ik}) - \hat{\nu}_{ik}] \tag{2.3}$$

式中，$\hat{x}_{ik}$ 和 x_{ik} 分别表示调整后和调整前的投入值，$\hat{\beta}^i$ 表示环境变量待估系数，$\max_k(z_k \hat{\beta}^i) - z_k \hat{\beta}^i$ 表示把所有 DUM 进行同质环境条件调整，$\max k(\hat{\nu}_{ik}) - \hat{\nu}_{ik}$ 表示把所有 DUM 随机误差调整到相同状态，目的是剔除偶然性因素影响。

在采用 SFA 方法进行第二阶段的分析时，学者之间在计算管理无效率上存在分歧，本章在结合学者的计算分析的基础上，决定采用罗登跃（2012）和陈巍巍（2014）等学者所推演的公式：

$$E(\mu \mid \varepsilon) = \sigma \times \left[\frac{\varphi\left(\lambda \frac{\varepsilon}{\sigma}\right)}{\phi\left(\frac{\lambda \varepsilon}{\sigma}\right)} + \frac{\lambda \varepsilon}{\sigma} \right] \tag{2.4}$$

式中，$\sigma^* = \dfrac{\sigma_\mu \sigma_\nu}{\sigma}$，$\sigma = \sqrt{\sigma_\mu^2 + \sigma_\nu^2}$，$\lambda = \sigma\mu/\sigma\nu$；$\varphi$ 和 ϕ 分别是标准正态分布的密度函数和分布函数。

（三）调整后的 DEA 方法分析

使用调整后的投入数据替代原始投入，再次运用传统 DEA 模型进行效率测算。

二 样本来源

根据《全国农产品成本收益资料汇编》数据，以及我国生猪饲养的主要量化指标，设定的成本指标要能准确客观地反映中国生猪养殖的成本情况，并查阅相关文献资料，我们确定人工成本（元/头）、仔畜进价（元/头）、精饲料费（元/头）、水费（元/头）、燃料动力费（元/头）、医疗防疫费（元/头）、工具材料费（元/头）作为生猪规模养殖技术效率评价的投入指标，确定每头生猪的主产品产量（千克/头）为生猪规模养殖技术效率评价的产出指标。

结合《全国农产品成本收益资料汇编》，本章将我国的生猪养殖划分为四种规模：散养、小规模、中规模和大规模。由于数据的可得性，本章利用 2008—2015 年河北、山西、辽宁、吉林、黑龙江、江苏、浙江、安徽、山东、河南、湖北、湖南、广东、广西、海南、重庆、四川、贵州、云南、陕西、青海等省份的生猪养殖数据进行不同规模间生猪养殖技术效率分析。其余宏观经济数据来源于《中国统计年鉴》和《中国畜牧业统计年鉴》。

三 变量选择

（一）投入和产出变量

本章将人工成本（元/头）、仔畜进价（元/头）、精饲料费（元/头）、水费（元/头）、燃料动力费（元/头）、医疗防疫费（元/头）、工具材料费（元/头）作为生猪规模养殖技术效率评价的投入变量，确定生猪的主产品产量（千克/头）为生猪规模养殖技术效率评价产出变量。人工成本是指每头生猪养殖时所消耗的人工成本；仔畜进价是指每头仔猪购入的成本；精饲料费是指每头生猪养

殖所消耗的精饲料成本;水费是指每头生猪养殖所耗用的水资源成
本;燃料动力费是指每头生猪养殖时所消耗的能源动力成本;医疗
防疫费是指每头生猪养殖所花费的医疗支出及防疫费用;工具材料
费是每头生猪养殖时购买养殖工具的成本。这些指标对于准确、客
观地反映中国生猪养殖的成本情况十分重要,每头生猪的主产品产
量是衡量生猪养殖能力的重要指标,代表着一个养殖单位的最终养
殖成果。投入变量和产出变量原始数据(各省份 2008—2015 年平
均值)如表 2 - 3 所示。

表 2 - 3 投入变量和产出变量原始数据(各省份 2008—2015 年平均值)

养殖规模	省份	主产品产量	人工成本	仔畜进价	精饲料费	水费	燃料动力费	医疗防疫费	工具材料费
散养	河北	109.10	137.59	482.87	615.76	0.55	2.74	13.35	1.97
	山西	113.28	138.73	367.67	634.32	1.13	5.23	13.97	2.73
	辽宁	113.60	100.28	394.40	660.12	1.26	2.99	12.53	2.22
	吉林	117.70	98.42	427.89	628.87	1.74	2.63	15.04	2.61
	黑龙江	111.30	124.50	411.05	608.18	1.50	1.47	10.07	1.46
	江苏	100.20	141.92	496.30	452.04	1.80	1.39	11.46	2.79
	浙江	130.50	122.67	484.06	550.89	3.20	4.10	25.60	4.70
	安徽	113.70	326.84	450.35	458.39	0.27	8.18	30.60	6.12
	山东	109.60	113.16	478.08	522.73	1.45	2.90	12.95	1.78
	河南	113.50	99.14	483.79	593.38	1.95	5.83	12.62	1.48
	湖北	117.70	220.75	445.96	603.66	1.57	2.85	18.06	3.38
	湖南	119.60	185.80	388.79	788.56	2.57	5.11	8.69	2.44
	广东	107.60	149.26	488.16	495.16	1.86	5.20	10.96	1.55
	广西	109.41	127.61	479.33	533.73	1.66	3.84	10.73	1.53
	海南	115.90	195.12	432.29	551.25	2.71	6.49	9.84	2.03
	重庆	113.60	422.61	644.32	468.41	0.66	29.04	8.43	4.38
	四川	105.50	146.39	587.60	382.68	2.66	13.45	14.36	2.90
	贵州	128.80	190.87	485.87	529.24	2.60	17.03	17.73	2.79
	云南	121.90	190.68	513.76	628.28	3.10	22.33	9.75	3.95
	陕西	112.10	367.14	388.86	470.54	2.98	8.59	10.55	2.17
	青海	104.70	251.50	466.76	458.36	0.81	4.60	18.38	0.86

续表

养殖规模	省份	主产品产量	人工成本	仔畜进价	精饲料费	水费	燃料动力费	医疗防疫费	工具材料费
小规模	河北	103.90	69.41	451.34	561.16	0.61	3.44	15.30	2.07
	山西	106.80	129.88	381.64	587.75	2.02	4.43	11.16	2.36
	辽宁	113.90	79.12	393.26	664.18	1.41	3.76	13.04	2.42
	吉林	117.40	107.91	421.49	655.36	1.78	3.12	12.60	2.45
	黑龙江	108.00	107.75	428.40	578.65	1.72	3.96	10.53	1.35
	江苏	106.65	58.93	496.13	542.65	1.38	2.23	12.42	1.76
	浙江	115.10	55.26	495.02	752.71	1.00	2.50	12.92	2.63
	安徽	113.70	63.97	358.66	696.92	0.47	4.02	14.90	2.93
	山东	108.40	51.02	540.07	549.71	0.86	2.31	14.72	1.79
	河南	105.40	75.21	412.55	560.01	2.00	5.17	13.38	1.59
	湖北	113.90	91.63	405.97	622.58	1.31	3.17	15.45	2.62
	湖南	116.10	106.09	452.63	745.48	0.47	3.72	17.37	2.19
	广东	114.70	69.06	504.83	637.68	1.88	2.49	12.00	2.01
	广西	111.01	97.32	447.77	583.63	2.00	2.63	10.01	1.40
	海南	112.89	110.87	459.28	568.54	2.37	3.06	8.79	1.66
	重庆	116.80	144.37	522.45	494.49	2.30	10.66	12.51	2.16
	四川	117.40	109.19	660.63	427.22	4.04	6.85	15.03	4.90
	贵州	117.30	146.77	482.14	498.18	3.03	5.76	17.86	3.10
	云南	115.00	88.38	476.98	589.15	2.83	4.05	10.08	1.62
	陕西	110.10	235.35	381.28	552.21	4.67	11.56	10.69	3.25
	青海	95.10	78.27	445.57	536.20	1.45	4.58	13.73	0.92
中规模	河北	100.80	41.60	422.45	554.17	0.96	3.73	15.38	1.96
	山西	107.20	70.01	386.50	600.21	1.51	6.36	12.78	2.12
	辽宁	115.20	68.37	414.34	692.05	1.46	3.82	14.82	2.47
	吉林	119.50	91.54	461.37	704.59	1.72	3.79	13.49	2.31
	黑龙江	102.90	101.44	438.55	552.76	2.16	5.07	10.01	1.40
	江苏	102.30	57.34	515.43	596.61	1.23	2.65	10.96	1.24
	浙江	119.40	57.20	514.40	747.42	2.30	3.12	15.20	1.99
	安徽	115.80	66.74	394.57	705.80	1.00	3.60	14.67	2.76

续表

养殖规模	省份	主产品产量	人工成本	仔畜进价	精饲料费	水费	燃料动力费	医疗防疫费	工具材料费
中规模	山东	112.20	50.10	510.44	593.65	1.78	3.31	14.45	1.83
	河南	103.40	75.96	404.96	553.25	1.68	5.69	11.24	1.62
	湖北	113.70	62.06	437.57	645.70	1.15	3.71	15.86	2.51
	湖南	118.90	51.46	472.29	816.79	0.82	2.82	17.74	2.43
	广东	103.90	47.09	522.43	590.82	1.26	3.62	12.20	1.25
	广西	110.90	65.44	458.49	564.87	2.01	3.64	13.58	2.23
	海南	104.70	87.38	376.84	626.86	2.35	3.27	9.91	2.46
	重庆	106.30	95.41	589.46	462.60	0.76	11.06	19.65	3.30
	四川	106.30	68.67	604.36	394.36	1.84	6.93	21.00	1.78
	贵州	115.40	138.33	488.08	490.01	3.03	6.14	17.44	2.92
	云南	129.40	81.17	577.97	796.19	2.10	3.48	15.54	3.04
	陕西	118.10	95.74	447.25	602.36	3.77	2.53	7.56	1.89
	青海	102.10	42.97	470.03	629.76	1.30	10.27	11.99	0.46
大规模	河北	97.40	34.24	414.24	523.90	0.64	3.96	15.42	1.98
	山西	98.20	60.07	408.30	526.55	1.17	5.26	23.99	1.11
	辽宁	109.80	63.25	430.03	614.11	1.37	3.66	13.33	2.19
	吉林	114.40	90.14	490.09	616.75	1.38	3.98	12.15	2.14
	黑龙江	98.30	71.84	402.02	526.56	1.71	8.71	11.93	1.25
	江苏	99.92	72.27	456.92	483.19	1.65	7.00	11.26	1.18
	浙江	107.10	47.98	459.86	608.76	1.55	3.54	14.06	1.99
	安徽	106.40	43.40	462.20	593.64	1.75	4.22	13.66	1.73
	山东	106.10	35.67	588.83	516.21	0.76	1.31	14.97	1.60
	河南	103.70	80.98	389.95	569.40	1.47	6.84	12.25	1.85
	湖北	109.30	43.01	463.59	668.26	1.35	4.16	17.65	1.93
	湖南	113.20	43.22	458.85	787.64	1.01	3.25	23.96	1.96
	广东	97.80	36.16	428.99	511.74	1.03	4.66	17.32	1.95
	广西	104.80	54.24	447.72	532.66	1.80	3.62	13.16	1.91
	海南	88.10	58.98	418.67	491.29	6.21	7.39	53.32	2.77
	重庆	95.00	75.24	571.67	421.01	0.28	3.51	14.19	2.62

续表

养殖规模	省份	主产品产量	人工成本	仔畜进价	精饲料费	水费	燃料动力费	医疗防疫费	工具材料费
大规模	四川	102.20	31.69	604.82	398.92	1.36	2.57	12.42	0.85
	贵州	122.80	90.48	533.12	522.45	4.93	14.20	24.34	5.91
	云南	121.30	32.77	597.72	761.87	3.17	3.81	18.49	1.52
	陕西	106.50	88.10	411.00	537.28	4.71	8.85	9.57	2.45
	青海	103.00	18.08	557.03	695.62	2.22	35.70	30.38	3.03

（二）环境变量

三阶段 DEA 模型环境指标的选择要求所取变量对投入松弛变量产生影响但 DUM 本身不能控制，主要是宏观因素，在结合我国生猪养殖特点及国内外相关研究的基础上，本章选择宏观经济发展水平、政府对产业发展的政策支持和行业技术支撑三个指标作为环境变量。环境变量原始数据（各省份2008—2015年平均值）如表2-4所示。

在宏观经济发展水平方面，本章选择地区第一产业国内生产总值（GDP）增长率作为各地区宏观经济发展水平的代理变量，该变量能全面反映一个地区农林牧渔业发展总体水平，生猪养殖的发展离不开技术、人才的支持，且猪肉的需求与整个宏观经济形势密切相关，因此，评价生猪规模养殖，必须考虑到宏观经济环境变化的影响，而地区第一产业 GDP 增长率作为反映地区农林牧业经济波动的重要指标，其能够反映一个地区的农林牧业繁荣程度。预计随着地区第一产业 GDP 增长率的提高将促进不同规模生猪养殖技术效率的提升。

在政府对产业发展的相关政策方面，考虑到生猪养殖业属于农业，而财政政策是对农业生产的重要政策之一，财政农林水支出的增加对农业生产效率的提高具有积极作用，预期财政农林水支出的增加将促使生猪养殖生产效率提升。因此，本章选择农林水支出占地方一般公共预算的比例作为具体反映政府对养殖产业发展的政策方面的代理变量。

表 2 - 4　环境变量原始数据（各省份 2008—2015 年均值）

养殖规模	省份	第一产业 GDP 增长率（%）	农林水支出占地方一般公共预算的比例	家畜繁育改良站 + 畜牧站数量	养殖规模	第一产业 GDP 增长率（%）	农林水支出占地方一般公共预算的比例	家畜繁育改良站 + 畜牧站数量
	河北	8.8801	0.1075	133		8.8801	0.1075	133
	山西	8.3201	0.0632	257		8.3201	0.0632	257
	辽宁	8.8022	0.1206	109		8.8022	0.1206	109
	吉林	15.2156	0.1328	194		15.2156	0.1328	194
	黑龙江	10.3975	0.1439	52		10.3975	0.1439	52
	江苏	8.0954	0.1094	301		8.0954	0.1094	301
	浙江	7.9409	0.1119	269		7.9409	0.1119	269
	安徽	12.2959	0.1325	235		12.2959	0.1325	235
	山东	10.4609	0.1106	161	小规模	10.4609	0.1106	161
	河南	8.7552	0.113	262		8.7552	0.113	262
	湖北	8.7261	0.1106	149		8.7261	0.1106	149
	湖南	9.8943	0.1017	139		9.8943	0.1017	139
	广东	9.3479	0.0874	110		9.3479	0.0874	110
	广西	10.6528	0.1199	46		10.6528	0.1199	46
	海南	8.5932	0.1095	219		8.5932	0.1095	219
	重庆	12.363	0.1079	232		12.363	0.1079	232
散养	四川	11.8911	0.1145	127		11.8911	0.1145	127

续表

养殖规模	省份	第一产业GDP增长率（%）	农林水支出占地方一般公共预算的比例	家畜繁育改良站+畜牧站数量	养殖规模	第一产业GDP增长率（%）	农林水支出占地方一般公共预算的比例	家畜繁育改良站+畜牧站数量
散养	贵州	7.1306	0.1085	270	小规模	7.1306	0.1085	270
	云南	10.5819	0.1224	161		10.5819	0.1224	161
	陕西	7.5464	0.097	94		7.5464	0.097	94
	青海	10.349	0.0869	53		10.349	0.0869	53
	河北	8.8801	0.1075	133		8.8801	0.1075	133
	山西	8.3201	0.0632	257		8.3201	0.0632	257
	辽宁	8.8022	0.1206	109		8.8022	0.1206	109
	吉林	15.2156	0.1328	194		15.2156	0.1328	194
	黑龙江	10.3975	0.1439	52		10.3975	0.1439	52
	江苏	8.0954	0.1094	301		8.0954	0.1094	301
中规模	浙江	7.9409	0.1119	269	大规模	7.9409	0.1119	269
	安徽	12.2959	0.1325	235		12.2959	0.1325	235
	山东	10.4609	0.1106	161		10.4609	0.1106	161
	河南	8.7552	0.113	262		8.7552	0.113	262
	湖北	8.7261	0.1106	149		8.7261	0.1106	149
	湖南	9.8943	0.1017	139		9.8943	0.1017	139
	广东	9.3479	0.0874	110		9.3479	0.0874	110

续表

养殖规模	省份	第一产业GDP增长率（%）	农林水支出占地方一般公共预算的比例	家畜繁育改良站+畜牧站数量	养殖规模	第一产业GDP增长率（%）	农林水支出占地方一般公共预算的比例	家畜繁育改良站+畜牧站数量
中规模	广西	10.6528	0.1199	46	大规模	10.6528	0.1199	46
	海南	8.5932	0.1095	219		8.5932	0.1095	219
	重庆	12.363	0.1079	232		12.363	0.1079	232
	四川	11.8911	0.1145	127		11.8911	0.1145	127
	贵州	7.1306	0.1085	270		7.1306	0.1085	270
	云南	10.5819	0.1224	161		10.5819	0.1224	161
	陕西	7.5464	0.097	94		7.5464	0.097	94
	青海	10.349	0.0869	53		10.349	0.0869	53

在产业技术支撑方面，考虑到各地区农业技术推广机构是农业技术普及推广的重要场所，基层农业技术推广机构的增多有利于推动先进农业技术推广，提高养殖者知识和技能，提升养殖单位卫生防疫质量。因此，本章选择各地区县市级家畜繁育改良站＋畜牧站数量作为产业技术支撑的代理变量。

第四节 实证分析

一 传统 DEA 模型分析

我们首先建立数据表，利用 DEAP 2.1 软件，将表 2－3 中的 2008—2015 年各省份散养、小规模、中规模和大规模生猪养殖的数据输入，以每头生猪的主产品产量为产出指标，以人工成本、仔畜进价、精饲料费、水费、燃料动力费、医疗防疫费、工具材料费为投入指标，运算得出如表 2－5 所示的结果。

表 2－5　　　第一阶段不同规模生猪养殖技术效率值

省份	散养			小规模			中规模			大规模		
	crste	vrste	scale	crste	vrste	scale	crste	vrste	scale	crste	vrste	scale
河北	1.0000	1.0000	1.0000	0.9850	0.9880	0.9970	0.9940	0.9940	1.0000	1.0000	1.0000	1.0000
山西	0.9790	0.9900	0.9890	0.9350	0.9730	0.9600	0.9590	0.9720	0.9860	1.0000	1.0000	1.0000
辽宁	0.8900	0.8930	0.9960	0.9320	0.9320	1.0000	0.9520	0.9620	0.9900	0.9290	0.9290	0.9990
吉林	0.9770	0.9980	0.9800	0.9350	0.9640	0.9700	0.9310	0.9960	0.9350	0.9130	0.9590	0.9530
黑龙江	1.0000	1.0000	1.0000	0.9790	0.9820	0.9970	0.9560	1.0000	0.9560	1.0000	1.0000	1.0000
江苏	1.0000	1.0000	1.0000	0.9250	0.9960	0.9280	1.0000	1.0000	1.0000	0.8570	0.9210	0.9310
浙江	1.0000	1.0000	1.0000	1.0000	1.0000	1.0000	0.9790	0.9890	0.9900	0.8860	0.8910	0.9940
安徽	1.0000	1.0000	1.0000	1.0000	1.0000	1.0000	0.9290	0.9530	0.9760	0.8710	0.8800	0.9890
山东	0.8800	0.8820	0.9970	0.9270	0.9380	0.9890	0.9600	0.9870	0.9730	1.0000	1.0000	1.0000
河南	0.9040	0.9310	0.9710	0.8610	0.8620	1.0000	0.8530	0.8610	0.9910	0.8510	0.8700	0.9780
湖北	0.9900	1.0000	0.9900	0.8620	0.8730	0.9880	0.8430	0.8520	0.9890	0.9090	0.9160	0.9920
湖南	1.0000	1.0000	1.0000	1.0000	1.0000	1.0000	1.0000	1.0000	1.0000	1.0000	1.0000	1.0000

续表

省份	散养			小规模			中规模			大规模		
	crste	vrste	scale	crste	vrste	scale	crste	vrste	scale	crste	vrste	scale
广东	0.8280	0.8350	0.9920	0.8620	0.8840	0.9750	0.8970	0.9200	0.9750	0.7420	0.7530	0.9850
广西	0.8910	0.9380	0.9500	0.8750	0.9520	0.9190	0.7710	0.7760	0.9940	0.7730	0.7730	0.9990
海南	0.9200	0.9340	0.9850	0.8700	0.8960	0.9710	0.9650	1.0000	0.9650	0.8700	1.0000	0.8700
重庆	1.0000	1.0000	1.0000	0.9520	0.9940	0.9580	0.9800	1.0000	0.9800	1.0000	1.0000	1.0000
四川	1.0000	1.0000	1.0000	1.0000	1.0000	1.0000	1.0000	1.0000	1.0000	1.0000	1.0000	1.0000
贵州	1.0000	1.0000	1.0000	0.9700	0.9830	0.9870	0.9660	0.9840	0.9820	1.0000	1.0000	1.0000
云南	0.9390	1.0000	0.9390	0.8880	0.9310	0.9540	0.9040	1.0000	0.9040	1.0000	1.0000	1.0000
陕西	1.0000	1.0000	1.0000	0.9980	1.0000	0.9980	1.0000	1.0000	1.0000	0.9880	1.0000	0.9880
青海	1.0000	1.0000	1.0000	0.9480	1.0000	0.9480	1.0000	1.0000	1.0000	1.0000	1.0000	1.0000
均值	0.9618	0.9715	0.9900	0.9383	0.9594	0.9780	0.9447	0.9641	0.9803	0.9328	0.9472	0.9847

注：crste 表示综合技术效率；vrste 表示纯技术效率；scale 表示规模效率。下同。

由表2-5中数据可以看出，散养的生猪养殖综合技术效率值最高为 0.9618，其次是中规模生猪养殖，其生猪养殖综合技术效率值为 0.9447，大规模生猪养殖综合技术效率值最低为 0.9328。散养的生猪养殖纯技术效率值依然是最高的，其效率值为 0.9715，其次同样是中规模生猪养殖，其生猪养殖纯技术效率值为 0.9641，最低的仍然为大规模生猪养殖，其纯技术效率值为 0.9472。规模效率中，散养技术效率值最高为 0.9900，其次是大规模生猪养殖技术效率值为 0.9847，之后是中规模生猪养殖技术效率值为 0.9803，最后是小规模生猪养殖技术效率值为 0.9780。

二 SFA 模型分析

本阶段以第一阶段估计结果中各规模生猪养殖投入冗余变量为被解释变量，以表2-4中记录的各省份第一产业 GDP 增长率、全国农林水支出占财政一般公共预算的比例、各地区县市级畜牧站与家畜繁育改良站数量三个环境变量为解释变量，利用 Coelli（1995）给出的随机前沿分析软件 Frontier 4.1，计算环境变量对人工成本、仔畜进价、精饲料费、水费、燃料动力费、医疗防疫费、工具材料费等投入变量冗余的影响，得出如表2-6所示的结果。由表2-6可知，本章所选主要环境变量，均通过了显著性水平检验，同时，在1%的显著性水平下，大部分回归分析结果的值均趋近于1，表明环境因素和随机误差等偶然性因素对生猪规模间养殖投入冗余变量有显著影响，很有必要运用SFA方法排除环境变量和随机误差带来的影响。

表2-6　　　　　　　SFA模型分析的回归估计结果

		估计系数	标准误差			估计系数	标准误差
人工成本	β_0	-2.6606***	0.3601	燃料动力费	β_0	-0.0019	0.0087
	β_1	1.7411**	0.0368		β_1	0.0000	0.0006
	β_2	-176.0383***	0.5802		β_2	0.0012	0.0777
	β_3	-0.0028**	0.0015		β_3	0.0000	0.0000
	σ^2	445.0295***	0.5487		σ^2	0.6495***	0.0958
	γ	1.0000***	0.0000		γ	1.0000***	0.0000
仔畜进价	β_0	-16.7750***	0.5354	医疗防疫费	β_0	-2.9059***	0.9992
	β_1	0.8324***	0.1515		β_1	0.0860	0.8587
	β_2	-0.0300	0.9980		β_2	4.7710***	1.0000
	β_3	0.0212	0.0155		β_3	0.0049	0.0366
	σ^2	482.1369***	0.9885		σ^2	13.9423***	0.9999
	γ	1.0000***	0.0000		γ	1.0000***	0.5174
精饲料费	β_0	-8.4563***	0.9988	工具材料费	β_0	-0.1861***	0.0368
	β_1	0.6671***	0.3372		β_1	0.0165***	0.0084
	β_2	-49.6779***	0.9999		β_2	-0.2400	1.5402
	β_3	0.0235***	0.0119		β_3	-0.0002	0.0002
	σ^2	337.6397***	1.0007		σ^2	0.5424***	0.0749
	γ	1.0000***	0.0000		γ	1.0000***	0.0000
水费	β_0	-0.0258	0.1261				
	β_1	-0.0014	0.0100				
	β_2	0.1165*	0.7651				
	β_3	0.0000	0.0002				
	σ^2	0.1846***	0.0327				
	γ	1.0000***	0.0013				

注：*、**、***分别表示在10%、5%、1%的显著性水平下显著。下同。

基于随机前沿生产函数建立的多元线性回归模型进行回归分析，如果估计系数为正，说明环境变量的增大会导致投入冗余的增加；如果估计系数为负，表示环境变量的增大会导致投入冗余的降低，有利于技术效率的提高。由表 2 - 6 可知，随着第一产业 GDP 增长率的提升，人工成本、仔畜进价、精饲料费、医疗防疫费、工具材料费的投入冗余有所增加，而水费的投入冗余则有所减少；财政农林水支出的增加会造成水费、燃料动力费、医疗防疫费投入冗余的增加，但人工成本、仔畜进价、精饲料费、工具材料费的投入冗余却随之减少且更加显著；各地区县市级畜牧站与家畜繁育改良站数量的增多则会造成仔畜进价、精饲料费、医疗防疫费投入冗余的增加，同时造成人工成本、工具材料费投入冗余的减少。

三　调整后的 DEA 模型分析

将原始投入代入式（2 - 3）调整，并将调整后的投入值再次运用 Deap 2.1 软件测算，得到调整后不同规模间生猪养殖效率值，具体结果见表 2 - 7。

表 2 - 7　　　　第三阶段不同规模生猪养殖技术效率值

省份	散养			小规模			中规模			大规模		
	crste	vrste	scale	crste	vrste	scale	crste	vrste	scale	crste	vrste	scale
河北	1.0000	1.0000	1.0000	0.9920	0.9970	0.9950	0.9980	1.0000	0.9980	1.0000	1.0000	1.0000
山西	1.0000	1.0000	1.0000	0.9690	1.0000	0.9690	1.0000	1.0000	1.0000	1.0000	1.0000	1.0000
辽宁	0.9900	0.9950	0.9950	0.9920	0.9920	1.0000	0.9860	0.9910	0.9950	0.9830	0.9840	0.9990
吉林	1.0000	1.0000	1.0000	0.9850	1.0000	0.9850	0.9490	1.0000	0.9490	0.9970	1.0000	0.9970
黑龙江	1.0000	1.0000	1.0000	0.9950	0.9960	0.9990	0.9540	1.0000	0.9540	0.9990	1.0000	1.0000
江苏	1.0000	1.0000	1.0000	0.9940	1.0000	0.9940	1.0000	1.0000	1.0000	0.9970	1.0000	0.9970
浙江	0.9910	0.9920	0.9980	1.0000	1.0000	1.0000	0.9940	1.0000	0.9940	0.9880	0.9940	0.9940
安徽	1.0000	1.0000	1.0000	0.9880	1.0000	0.9880	0.9940	1.0000	0.9940	1.0000	1.0000	1.0000
山东	1.0000	1.0000	1.0000	0.9880	1.0000	0.9880	0.9940	1.0000	0.9940	1.0000	1.0000	1.0000
河南	0.9760	1.0000	0.9760	1.0000	1.0000	1.0000	1.0000	1.0000	1.0000	0.9920	1.0000	0.9920
湖北	0.9920	1.0000	0.9920	0.9970	0.9980	0.9990	0.9810	0.9930	0.9890	0.9910	0.9920	0.9980

续表

省份	散养			小规模			中规模			大规模		
	crste	vrste	scale	crste	vrste	scale	crste	vrste	scale	crste	vrste	scale
湖南	1.0000	1.0000	1.0000	1.0000	1.0000	1.0000	1.0000	1.0000	1.0000	1.0000	1.0000	1.0000
广东	0.9880	0.9920	0.9960	0.9880	1.0000	0.9880	0.9960	0.9980	0.9980	0.9970	1.0000	0.9970
广西	0.9940	0.9940	1.0000	1.0000	1.0000	1.0000	0.9960	0.9960	1.0000	0.9990	0.9990	1.0000
海南	1.0000	1.0000	1.0000	1.0000	1.0000	1.0000	0.9650	1.0000	0.9650	0.9690	1.0000	0.9690
重庆	1.0000	1.0000	1.0000	1.0000	1.0000	1.0000	0.9850	1.0000	0.9850	1.0000	1.0000	1.0000
四川	1.0000	1.0000	1.0000	1.0000	1.0000	1.0000	1.0000	1.0000	1.0000	1.0000	1.0000	1.0000
贵州	1.0000	1.0000	1.0000	0.9910	1.0000	0.9910	0.9860	1.0000	0.9860	0.9940	1.0000	0.9940
云南	0.9460	1.0000	0.9460	0.9890	1.0000	0.9890	0.9110	1.0000	0.9110	1.0000	1.0000	1.0000
陕西	1.0000	1.0000	1.0000	0.9910	1.0000	0.9910	1.0000	1.0000	1.0000	0.9840	1.0000	0.9840
青海	1.0000	1.0000	1.0000	0.9490	1.0000	0.9490	1.0000	1.0000	1.0000	1.0000	1.0000	1.0000
均值	0.9941	0.9987	0.9954	0.9914	0.9992	0.9922	0.9855	0.9990	0.9866	0.9948	0.9985	0.9962

　　从表2-7中可以看出，大多数省份的技术效率值与第一阶段相比有所变化，综合技术效率、纯技术效率、规模效率都获得了提高，其中山西省散养、中规模生猪养殖，吉林省散养生猪养殖，安徽省中规模、大规模生猪养殖，山东省散养生猪养殖，河南省小规模、中规模生猪养殖，广西壮族自治区小规模生猪养殖，海南省散养、小规模生猪养殖在剔除了环境因素和随机因素的影响之后达到了生产技术前沿面，这表明不同规模生猪养殖技术效率受到外部环境因素和随机干扰的影响，使用随机前沿分析模型剔除投入冗余是十分必要的。

　　从表2-7中可以看出，综合技术效率值均值最高的为大规模生猪养殖，其技术效率值为0.9948；其次是散养生猪养殖，其技术效率值为0.9941；之后是小规模生猪养殖，其技术效率为0.9914；最后是中规模生猪养殖，其技术效率值为0.9855。纯技术效率值均值最高的为小规模生猪养殖，其技术效率值为0.9922；其次是中规模生猪养殖，其技术效率值为0.9990；之后是散养生猪养殖，其技术

效率值为 0.9987；最后是大规模生猪养殖，其技术效率值为
0.9985。规模效率值均值最高的是大规模生猪养殖，其技术效率值
为 0.9962；其次是散养生猪养殖，其技术效率值为 0.9954；再次是
小规模生猪养殖，其技术效率值为 0.9922；最后是中规模技术效率
值，其技术效率值为 0.9866。

虽然大规模生猪养殖综合技术效率值均值与规模效率值均值最
高，但散养生猪养殖综合技术均值与规模效率均值却紧随其后，而
纯技术效率值均值最高的更是小规模生猪养殖，表明技术效率值的
增加并非随着生猪养殖规模的扩大而获得提升，这与邻智荟等对黑
龙江省不同规模生猪养殖生产效率的研究以及闫振宇等对我国不同
地区生猪养殖生产效率的研究的结论是一致的。

第五节　研究结论和对策建议

一　研究结论

第一，环境因素以及随机误差对不同规模生猪养殖技术效率有
着较大影响，使用三阶段 DEA 模型分析是合理、必要的。第二阶段
利用随机前沿分析方法剔除环境因素和随机误差的影响之后，各省
份的不同规模生猪养殖技术效率值发生了较大变化，大部分省份的
不同规模生猪养殖技术效率值得到了提升，且不同规模间的技术效
率值也发生了较大变化。

第二，生猪养殖技术效率并非随着生猪养殖规模的扩大而提升。
本章通过三阶段 DEA 模型对不同规模间生猪养殖技术效率进行研究
分析，在排除环境因素和随机误差等偶然性因素对投入的影响之
后，发现 2008—2015 年各省份生猪养殖技术效率中，大规模生猪养
殖的综合技术效率均值与规模效率均值最高，但与散养生猪养殖相
差不大，且纯技术效率值均值最高的为小规模生猪养殖，而非规模
更大的中规模生猪养殖以及大规模生猪养殖，说明生猪养殖规模的

扩大并未带来技术效率的相应提高。

第三，政府政策支持对地区生猪养殖技术效率影响较大，总的来看，政府政策支持的加大，有利于提高养殖单位的生猪养殖技术效率。随着地方农林水支出占地方一般公共预算支出比例的提高，人工成本、仔畜进价、精饲料费、工具材料费的投入冗余得到了显著降低。虽然地方农林水支出占地方一般公共预算支出比例的提高一定程度上增加了水费、燃料动力费、医疗防疫费的投入冗余，但是，对技术效率的影响程度较小。

二 政策建议

第一，因地制宜开展适度规模养殖，推进生猪标准化规模养殖场（小区）建设。研究表明，生猪养殖技术效率并非随着生猪养殖规模的扩大而提升，同时，生猪养殖规模的扩大可能加大疾病传染的风险和排泄物处理的成本与难度，增加养殖单位的运营成本。因此，各地区应避免盲目扩大生猪饲养规模，应当提高养殖技术和创新养殖污染处理技术，因地制宜，加快推进生猪标准化规模养殖场（小区）建设，推进生猪规模养殖标准化、适度规模化生产。

第二，提升生猪养殖产业政策扶持的精准度。政府政策支持有利于降低生猪养殖单位投入冗余，提高生猪养殖单位技术效率。所以，政府应加大对农业的政策支持，但并非盲目扩大养殖规模，政府应当从财政、制度等方面为养殖单位提高清洁养殖技术创造良好环境，建立和完善农产品追溯体系建设支持政策、畜牧标准化规模养殖扶持政策和动物防疫补贴等政策。

第三章 中国不同区域间大规模生猪养殖技术效率研究

第一节 研究背景

第二章对不同规模间生猪养殖技术效率进行了测度与对比，本章主要对我国不同区域间大规模生猪养殖的技术效率值进行测度与分析。生猪养殖业的发展取决于其生产能力的增长，而生产能力的增长则依赖于生产要素的不断投入或生产效率的不断提高。随着我国逐渐摆脱以增加投入要素而带动增长的粗放型经营模式，生猪养殖业也将逐渐步入以提高生产效率而带动增长的大规模养殖阶段。我国大规模生猪养殖存在技术消化能力弱、养殖成本增长迅速等诸多问题，如何解决生猪大规模养殖面临的问题，推动其进一步发展，是当前生猪养殖业面临的迫切任务。

研究生猪养殖技术效率，有利于反映技术力量在我国生猪养殖中发挥的程度，折射出技术更新应用对推动生猪养殖发展的有效程度，从而对我国不同区域间的大规模生猪养殖生产能力进行合理分析。对技术效率的研究主要有两种方法：一种是数据包络分析法，简称 DEA 方法；另一种是随机前沿分析法，简称 SFA 方法。为了解我国大规模生猪养殖技术效率的真实情况，本章在使用 DEA 方法进行技术效率测度的基础上，引入参数 SFA 方法作为检验手段，将 DEA 方法与 SFA 方法测度出来的大规模生猪养殖技术效率值进行对比研究，并基于两种方法测度所得的共同结论为我国生猪养殖业可持续发展提供有效建议。

第二节　模型构建

一　DEA 模型构建

DEA 模型是由查尼斯（Charnes）等首先提出的，是研究具有多个输入、多个输出的决策单元相对有效性的常用方法。根据 DEA 模型与中国生猪大规模养殖实际情况，构建中国生猪大规模养殖 DEA 效率测度模型。以各省份大规模生猪养殖为一个决策单元，则各省份的大规模生猪养殖技术效率为：

$$h_j = \frac{\sum_{r=1}^{p} u y_j}{\sum_{i=1}^{m} v_i x_{ij}} \quad (j = 1, 2, \cdots, n) \tag{3.1}$$

$$\max h_{j0} = \frac{u y_{j0}}{\sum_{i=1}^{m} v_i x_{ij0}}$$

式中，h_j 表示第 j 省份的大规模生猪养殖技术效率；x_{ij} 表示第 j 省份的第 i 项投入；$j_0 v_i$ 为第 j 省份的生猪主产品产出；y_j 表示第 i 项投入的权重系数；u 表示生猪主产品产出的权重系数。而省份大规模生猪养殖技术效率评价模型为：

$$\text{s. t} \left\{ \begin{array}{l} \dfrac{u y_j}{\sum_{i=1}^{m} v_i x_{ij}} \leq 1 (j = 1, 2, \cdots, n) \\ v_i, \ u \geq 0 (i = 1, 2, \cdots, m) \end{array} \right\} \tag{3.2}$$

为了方便计算，我们将其转化为线性规划模型。为此，令：

$$t = \frac{1}{\sum_{i=1}^{m} v_i x_{j0}}, \ \mu = tu, \ W_i = t V_i$$

则大规模生猪养殖技术效率评价模型转化为：

$$\max h_{j0} = \mu y_{j_0}$$

$$\text{s. t.} \begin{cases} \mu y_j - \sum_{i=1}^{m} w_i x_{ij0} \leqslant 0 \, (j = 1, \ 2, \ \cdots, \ n) \\ \sum_{i=1}^{m} w_i x_{ij0} = 1 \\ \mu, \ w_i \geqslant 0 \, (i = 1, \ 2, \ \cdots, \ m) \end{cases} \tag{3.3}$$

该模型的含义是：以权系数 v_i、u 为变量，以我国各省份大规模生猪养殖技术效率 h_j 为约束，以第 j_0 省份的效率指数为目标。即评价第 j_0 省份的养殖效率是否有效，是相对于其他各省份而言的。

二 SFA 模型构建

随机前沿分析法（SFA），是由 Meeusen 和 Broeck，Aigner、Lovell 和 Schmidt，Battese 和 Collie 等提出，能够通过估计生产函数对个体的生产过程进行描述，从而使对技术效率的估计得到控制。根据 SFA 的原理，其基本模型可以表示为：

$$y = f(x, \ \beta) \exp(v + u)$$

式中，y 表示产出；x 表示矢量投入；β 表示待定的矢量参数；v 表示影响技术效率的随机因素；μ 表示影响生产的管理无效率。

在对我国大规模生猪养殖技术效率进行充分考虑的基础上，本章拟利用 Battese 和 Coelli 的 SFA 模型展开研究。Battese 和 Coelli 的 SFA 模型基本原理是：

$$\text{In}(y_{it}) = \beta_0 + \sum_{n}^{\beta} \ln_{nit} + v_{it} - u_{it} \tag{3.4}$$

$$TE_{it} = \exp(-u_{it}) \tag{3.5}$$

$$u_{it} = \beta(t) u_i \tag{3.6}$$

$$\beta(t) = \exp\{-\eta(t - T)\} \tag{3.7}$$

$$\gamma = \frac{\sigma_u^2}{\sigma_v^2 + \sigma_u^2} \tag{3.8}$$

式中，i 表示个体的序号；t 表示时期序号；β_0 表示截距项；β_n

表示一组待估计的矢量参数；在式（3.5）中，$TE = \exp(-u_{it})$ 表示样本中第 i 个个体在第 t 时期内的技术效率水平；η、γ 是待估计的参数。

根据 Battese 和 Coelli 模型的基本原理，我们运用对数型柯布—道格拉斯生产函数及在我国各省份大规模生猪养殖数据的基础上，对我国大规模生猪规模养殖的技术效率水平进行测定。这样，式（3.4）演变成为式（3.9）。

$$\ln(y_{it}) = \beta_0 + \beta_1 \ln(L_{it}) + \beta_2 \ln(K_{it}) + \beta_3 \ln(S_{it}) + v_{it} - \mu_{it} \qquad (3.9)$$

式中，y_{it} 表示第 i 省份第 t 年大规模生猪养殖的主产品产量；L_{it} 表示第 i 省份第 t 年大规模生猪养殖用工数量；K_{it} 表示第 i 省份第 t 年大规模生猪养殖人工成本；S_{it} 表示第 i 省份第 t 年大规模生猪养殖物质与服务费用；β_1、β_2、β_3 表示待估计参数；μ_{it} 表示影响第 i 省份第 t 年大规模生猪养殖的随机因素；v_{it} 表示影响第 i 省份第 t 年大规模生猪养殖的管理无效率。

第三节 大规模生猪养殖技术效率研究

一 指标选取

根据《全国农产品成本收益资料汇编》数据，以及我国大规模生猪饲养的主要量化指标，设定的指标要能够准确客观地反映中国大规模生猪养殖的成本情况，通过查阅相关文献资料，本章确定用工数量（天/头）、人工成本（元/头）和物质与服务费用（元/头）三个指标作为中国大规模养殖技术效率评价的投入指标，确定每头生猪的主产品产量（千克/头）为中国大规模生猪养殖技术效率评价的产出指标，具体数值见附录。其中，用工天数是指进行生猪养殖时每头猪所耗费的工时，是养殖企业时间成本的体现，人工成本是指生猪养殖时每头猪所消耗人工带来的成本，物质与服务费用是指生猪养殖时每头猪所耗用的仔畜费、饲料费、燃料动力费、水费等 17 项费用的综合，这些指标对于准确客观地反映我国大规模生猪养殖的成本情况十分重要。每头生猪的主产品产量是衡量生猪养殖能力的重要指标，代表着一个养殖单位的最终养殖成果。大规模生猪养殖技术效率指标体系如表 3 - 1 所示。

表 3 - 1 　　　　　　　　大规模生猪养殖技术效率指标体系

类型	指标	备注
产出指标	主产品产量	生猪养殖最终成果，每头生猪最终所能提供的猪肉质量
投入指标	用工数量	养殖时每头生猪所耗费的工时，是时间成本的体现
	人工成本	养殖时每头生猪所消耗人工带来的成本
	物质与服务费用	养殖时每头猪所耗用的仔畜费、饲料费、燃料动力费等 17 项费用的综合

二　综合技术效率测度

首先建立数据表，利用 DEAP 2.1 软件，将来自《全国农产品成本收益资料汇编（2009—2016）》的 2008—2015 年我国各省份大规模生猪养殖的数据（考虑到数据的可得性，共选取我国 29 个省份的大规模生猪养殖相关数据）输入，以我国各省份大规模生猪养殖的每头生猪的主产品产量为产出指标，以我国各省份大规模生猪养殖每头生猪的用工数量、人工成本、物质与服务费用作为投入指标，运算之后得出如表 3 - 2 所示的结果。

表 3 - 2 　　各省大规模生猪养殖综合技术效率（DEA 方法）

东部地区	综合技术效率	序号	中部地区	综合技术效率	序号	西部地区	综合技术效率	序号
北京	0.858	22	山西	0.941	12	重庆	0.854	24
天津	0.897	14	内蒙古	0.785	27	四川	0.995	5
河北	1.000	1	辽宁	0.905	13	贵州	0.986	6
上海	1.000	1	吉林	0.872	19	云南	0.970	9
江苏	0.848	25	黑龙江	0.961	11	陕西	0.978	8

续表

东部地区	综合技术效率	序号	中部地区	综合技术效率	序号	西部地区	综合技术效率	序号
浙江	0.875	18	安徽	0.867	21	甘肃	0.857	23
福建	0.985	7	江西	0.891	16	青海	1.000	1
山东	0.963	10	河南	0.824	26	新疆	1.000	1
广东	0.772	29	湖北	0.877	17			
海南	0.870	20	湖南	0.892	15			
			广西	0.773	28			
均值	0.9122		均值	0.8716		均值	0.9550	

总体来看，我国大规模生猪养殖综合技术效率均值，西部地区最高，为0.9550；其次是东部地区，为0.9122；最低的是中部地区，为0.8716。处于生产技术前沿面的省份西部地区有两个，分别是青海、新疆，首先是由于该两地虽然处于我国西部地区，经济发展水平较东中部较为落后，虽然养殖技术落后，但是，其养殖耗用的劳动力成本和生猪养殖投入物料价格较低，投入成本低；其次采取规模农场养殖，可提高生产养殖技术。东部地区有两个，分别是河北、上海，这两个地区技术效率高的原因是生猪养殖技术先进，在一定程度上能够发挥技术优势提高生产效率，从而抵消劳动成本及物料价格带来的技术效率损耗。我国共有25个省份的大规模生猪养殖技术效率小于1，这表示这些省份的生猪大规模养殖处于生产的相对无效率状态，存在一定的改进空间。

三 综合技术效率的分解

通过对上文测得的大规模生猪养殖综合技术效率的分解，我们可以得到大规模生猪养殖的纯技术效率以及规模效率。2008—2015年，我国各省份大规模生猪养殖纯技术效率均值及规模效率均值如表3-3所示。

表 3 - 3　　　　　各省大规模生猪养殖纯技术效率及规模效率

东部地区	纯技术效率	规模效率	中部地区	纯技术效率	规模效率	西部地区	纯技术效率	规模效率
北京	0.860	0.997	山西	0.943	0.998	重庆	0.86	0.993
天津	0.928	0.967	内蒙古	0.787	0.998	四川	1.000	0.995
河北	1.000	1.000	辽宁	0.915	0.988	贵州	1.000	0.986
上海	1.000	1.000	吉林	0.888	0.982	云南	1.000	0.970
江苏	0.849	0.998	黑龙江	0.963	0.998	陕西	0.989	0.988
浙江	0.899	0.974	安徽	0.889	0.976	甘肃	0.859	0.998
福建	1.000	0.985	江西	0.948	0.940	青海	1.000	1.000
山东	0.990	0.974	河南	0.828	0.995	新疆	1.000	1.000
广东	0.777	0.993	湖北	0.908	0.965			
海南	0.979	0.889	湖南	0.939	0.950			
			广西	0.778	0.993			
均值	0.9358	0.9756	均值	0.8896	0.9803	均值	0.9635	0.9913

从表 3 - 3 中可以看出，纯技术效率西部地区最高，新疆、青海、甘肃、四川、贵州、云南等地区达到了生产技术前沿面，其中四川与云贵地区是我国生猪养殖的重点区域，养殖技术先进，经验丰富，而青海与新疆其生猪养殖数量较少，整体上为农场养殖，规模较大，技术较先进；东部地区的纯技术效率次之，河北、上海、福建等地区纯技术效率达到了生产技术前沿面，这主要是这些地区经济发达，生产技术先进；中部地区的纯技术效率值最低，这是因为中部地区无论是在养殖技术还是养殖经验与东部地区相比都处于弱势，而养殖规模与西部地区相比也处于弱势，难以实现以规模生产提高养殖技术。规模效率方面西部地区依然最高，这与西部地区参与农场式养殖有关，其次是中部地区，最后是东部地区，因为东部地区人稠地少，土地成本高昂，降低了其养殖规模效益。

为了解大规模生猪养殖纯技术效率及规模效率对于综合技术效率的贡献，制作出大规模生猪养殖分解效率与综合技术效率关系散点图。从图 3 - 1 中可知，代表各省份大规模生猪养殖技术效率的散点没有实现沿对角线匹配，表示各省份大规模生猪养殖综合技术效率受到两种分解效率的共同作用。由于只有少数省份大规模生猪养殖技术效率均值达到了有效状态，而规模效率远大于纯技术效率，所以，更多地由规模效率和综合效率确定的散点位于散点图的偏上部和顶部，使散点偏离对角线的程度较纯技术效率偏离得更多，说明在大规模生猪养殖综合技术效率的分解中，纯技术效率对综合效率的影响及制约能力略强于规模效率。

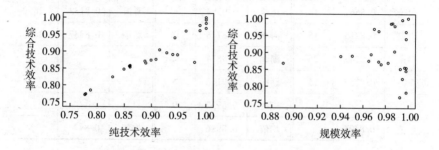

图 3 - 1　分解效率对综合技术效率的贡献分析

第四节　大规模生猪养殖技术效率测度

由于 DEA 方法存在一定偏差，为了与上文 DEA 方法分析所得到的中国大规模生猪养殖技术效率值进行对比，本章利用 Coelli 给出的随机前沿分析软件 Frontier 4.1 软件进行中国大规模生猪养殖技术效率 SFA 方法测度，同样，将 2008—2015 年各省份大规模生猪养殖的数据输入，以每头生猪的主产品产量为产出指标，以用工数量、人工成本、物质与服务费用为投入指标，计算得表 3 - 4 中 SFA 方法大规模生猪养殖技术效率结果。

表 3 – 4　　各省份大规模生猪养殖综合技术效率（SFA 方法）

东部地区	综合技术效率	序号	中部地区	综合技术效率	序号	西部地区	综合技术效率	序号
北京	0.8275	23	山西	0.8650	19	重庆	0.8653	18
天津	0.8714	16	内蒙古	0.9628	1	四川	0.8911	10
河北	0.8268	24	辽宁	0.8886	11	贵州	0.9602	2
上海	0.8468	20	吉林	0.9383	5	云南	0.9565	3
江苏	0.8125	29	黑龙江	0.8372	21	陕西	0.8773	13
浙江	0.9011	7	安徽	0.9000	8	甘肃	0.8215	27
福建	0.8661	17	江西	0.9384	4	青海	0.8133	28
山东	0.8715	15	河南	0.8716	14	新疆	0.8337	22
广东	0.8243	26	湖北	0.8874	12			
海南	0.8252	25	湖南	0.9113	6			
			广西	0.8952	9			
均值	0.8495		均值	0.8996		均值	0.8774	

　　将 SFA 方法测度的技术效率与 DEA 测度的技术效率进行对比，我们可以发现一些共同的特征，这有助于我们对大规模生猪养殖的研究。同时，基于共同数据特征进行分析有利于提升结论的可靠性。

　　通过将两种方法测度所得的技术效率进行对比我们发现，无论是利用 DEA 方法进行测度还是 SFA 方法进行测度，我国大部分地区技术效率均未达到 1，具有一定的改进空间，其中，西部的技术效率值总体上处于较高水平。西南地区的 SFA 方法测度技术效率与 DEA 方法测度技术效率都处于较高水平，而北京、江苏、广东等地无论是 SFA 方法测度技术效率还是 DEA 方法测度技术效率都存在有较大的改进空间。

第五节　研究结论和政策建议

一　研究结论

本章使用 DEA 方法对我国大规模生猪养殖技术效率进行测度，并就测度结果进行分析。同时，对 DEA 综合技术效率进行了分解探讨。在此基础上，利用参数前沿法中的 SFA 方法与 DEA 方法测度出的技术效率进行对比分析，找出两种方法技术效率测度的共同点。通过上文研究可以得出以下两个结论。

第一，我国大部分地区的技术效率都存在改进空间。其中，西部地区的大规模生猪养殖技术效率较高，东部地区和中部地区存在较大改进空间。无论是 DEA 方法测度还是 SFA 方法测度，西部地区大规模生猪养殖技术效率均值都处于较高水平，这主要是因为西部地区经济发展水平较低，劳动成本与养殖投入物料成本低，尤其是西南地区生猪养殖技术先进，经验丰富；东部地区虽然具有技术优势，但物料成本及劳动成本较为高昂，尤其是北京等经济发达地区，由于土地成本等因素，难以发挥规模养殖效益；而中部地区则在技术及成本都处于较弱势地位。

第二，纯技术效率对大规模生猪养殖综合技术效率（DEA 方法测度）的影响和制约要强于规模效率。通过我国各地区大规模生猪养殖分解效率与综合技术效率关系散点图分析可知，规模效率使散点偏离对角线的程度较纯技术效率偏离的更多，因此，纯技术效率对大规模生猪养殖综合技术效率的影响和制约要高于规模效率。

二　政策建议

第一，西部地区应当发挥规模养殖优势，进一步推动规模化、标准化养殖。同时，加快先进养殖技术的引入，尤其是引进清洁养殖技术，既要降低技术效率对于低廉劳动力及低物料价格的依赖，同时也避免生猪大规模养殖带来的污染对西部地区环境的破坏。

第二，东部地区养殖技术较为先进，能够发挥技术优势，提高生产效率，降低因养殖成本高昂而带来的效率损失。建议在未来的发展中，东部地区需要继续发挥技术优势，推动生猪养殖自动化、信息化技术发展，以降低不断提高的劳动成本及物价水平所带来的影响。

第三，中部地区在技术和养殖成本方面都不具有优势。因此，既需要降低养殖成本，又需要提高养殖技术，建议充分发挥中部地区位置优势，着力构建东中部养殖技术交流转化平台以及中西部养殖物料快速物流通道。

第四章　中国生猪规模养殖环境承载力评价研究

第一节　研究背景

近两年来，全国大部分地区陷入严重的雾霾污染之中，这再一次向我们敲响了环境保护的警钟。人类只有遵循自然规律，才能有效地防止在开发利用自然资源上走弯路，人类对大自然的伤害最终会伤及人类自身，这是无法抗拒的规律。我们要建设的现代化是人与自然和谐共生的现代化，既要创造更多物质财富和精神财富以满足人民日益增长的美好生活需要，也要提供更多优质生态产品以满足人民日益增长的美丽生态环境需要。"必须坚持节约优先、保护优先、自然恢复为主的方针，形成节约资源和保护环境的空间格局、产业结构、生产方式、生活方式，还自然以宁静、和谐、美丽。"环境保护和污染防治已经成为我们面前的突出问题。

而生猪养殖业作为我国畜牧业和农业的重要产业，对国家经济社会发展和人民生活水平的提高都有着不可替代的重要意义。改革开放以来，我国生猪饲养持续稳定增长，我国猪肉占世界猪肉总产量的比重在1985年仅为27.5%，到2016年增加到47.9%，接近世界猪肉总产量的一半。猪肉生产在畜牧业中处于主体地位，现今我国生猪产业走上了规模化快速发展轨道，我国生猪产业正朝着规模化养殖方向发展。2017年"中央一号文件"也明确将"积极发展

适度规模经营，大力培育新型农业经营主体和服务主体"作为
"2017 年农业农村工作的总体要求"的主要内容，生猪规模化养殖
已经成为我国生猪业的主要养殖模式。随着我国生猪产业的不断发
展和生猪生产的规模化与工厂化程度不断提高，生猪规模养殖产生
的粪污量急剧增加且相对集中，无法被周围土地消纳；猪粪尿容易
从有机肥资源转变成污染源。为此，笔者在现有研究成果的基础
上，采用 SPPS 工具，对生猪规模养殖环境承载力进行综合评价，
对生猪规模养殖废弃物的处理和资源开发的进一步研究具有一定的
理论价值和实际意义，从而推动生猪规模养殖的可持续发展。

第二节　生猪规模养殖环境承载力
评价指标体系

　　承载力的概念最早来源于力学，是指物体在不产生任何破坏时
的最大载荷。就国内外发表的研究文献中，对于畜禽养殖环境承载
力的概念大多是从"能力"的角度去定义的。

　　李金滟认为，环境承载力是指在一定的时期和一定的区域范围
内，在维持区域资源结构符合持续发展需要区域环境功能仍具有维
持其稳态效应能力的条件下，区域资源环境系统所能承受人类各种
社会经济活动的能力。

　　盛巧玲在综合国内研究情况的基础上认为，畜禽环境承载力是
指在一定的农耕区域范围内，从农业生态环境系统中养分保持平衡
的角度出发，区域所能持续支撑畜禽养殖的最大数量。

　　宋福忠认为，畜禽养殖环境系统承载力是环境系统对畜禽养殖
系统的负载能力，是区域自然环境、社会发展在某一时期、某种状
态或条件下畜禽养殖环境系统对畜禽养殖的承载能力。

　　王永瑜认为，"在维持环境系统功能与结构不发生变化的前提
下整个地球生物圈或某一区域所能承受的人类作用在规模强度和速

度上的限值"。这一定义揭示了环境承载力的基本特点，得到了学术界的普遍认可。

上述对环境承载力的论述较好地将自然资源的供给能力、社会发展的支持能力及环境污染的承受能力有效地结合起来，具有一定的代表性，对本章生猪规模养殖环境承载力评价提供了思路和方向。在前人研究的基础上，本书认为，生猪规模养殖环境承载力是指在一定条件下，在能够维持人类生活和环境质量的要求下，某一区域对生猪规模养殖这一经济活动的支持能力。

评价指标体系对评价极其重要，如果指标体系的构建不合理，所得到的评价结果有可能完全背离现实，导致评价的结果缺乏实际意义。因此，构建生猪规模养殖环境承载力评价指标体系应遵循一定的原则和方法。

第三节　中国生猪规模养殖环境承载力纵向评价

一　生猪规模养殖环境承载力评价指标体系设计应该遵循的原则

生猪规模养殖环境承载力评价指标体系设计应该充分考虑中国现实情况，并且具有一定的部门指导性和可操作性等。生猪规模养殖是一个非线性的复杂系统，对于复杂系统的测度，仅用单个的指标很难反映其主要特征，需要采用多指标综合评价分析，即由多个具有内在联系的指标按一定的结构层次组合在一起构成指标体系。多指标综合分析的实质是将众多反映不同方面、不同性质的信息，经过数学变换或处理，使之成为具备评价功能的综合量值，该数值大小是对研究对象的量化评价。

生猪规模养殖环境承载力评价指标体系设计应该遵循以下六项原则。

（1）服务性原则。指标体系旨在服务于国家发展战略和国家长远发展目标。具体来说，该指标体系应服务于农业产业化发展，同时服务于国家环境保护和生猪规模养殖的可持续发展。

（2）引导性原则。指标体系应具有较好的引导性，可以用于指导相关部门、地区、养殖单位设定目标，制定相关规划、计划，实施方案和措施，落实废弃物处理责任，坚持社会效应和环保效应的统一。

（3）系统性与层次性相结合原则。由于系统的多层次性，指标体系也有多层结构组成，反映出各层次的特征。同时，系统中各要素相互联系，构成了一个有机整体，因此，指标体系应选择一些指标从整体层次上把握系统的协调程度。在具体指标的设定上，不仅应有反映生猪规模养殖自然供给能力的指标，要有反映生猪规模养殖社会供给能力的指标，同时也要有反映生猪规模养殖污染承受能力的指标。

（4）全面性和代表性原则。生猪规模养殖承载力评价指标体系作为一个有机的整体，应能反映和测度评价对象生猪规模养殖的主要特征和状况，以全面准确地评价生猪规模养殖的承载力。同时，对于各个子系统，指标选取应强调代表性、典型性，避免选择意义相近、重复的指标。

（5）可比性与可行性原则。指标体系的设计应注重时间、地点和范围的可对比性，以便于纵横向比较，体现其特点。同时，设计的指标概念要明确，计算方便，数据易于得到，便于在实践中应用。考虑到目前我国生猪规模养殖统计基础工作较为薄弱的实际，在定量指标的选择上，应充分考虑到在统计上是否有相应的数据和资料作为保障。

（6）科学性原则。指标体系要建立在科学的基础之上，指标概念必须明确，并且要求有一定的科学内涵，能够度量和反映生猪规模养殖系统的结构和功能、现状以及未来发展的趋势。

本章主要采取系统法和目标法相结合的方法。首先按照研究对象—生猪规模养殖环境承载力的系统学方向分类；其次逐个系统按目标法定出具体指标。

二　指标体系筛选的思路和方法

在筛选评价指标时，不仅要遵循一定的原则，还需要科学的思路和方法。筛选评价指标时，必须遵循以上原则。不能仅由某一原则决定指标的取舍，而要综合考虑。同时，由于受认识水平的限制，对于指标的主成分性、针对性等目前还难以定量衡量，只能依赖评价者对生猪规模养殖承载力的内涵及对评价对象的了解程度做出选择。在指标的完备性方面，同样缺乏定量的衡量方法。鉴于此，本章指标筛选的思路是：吸收前人研究成果中的优良指标，同时，根据对生猪规模养殖内涵的理解，提出反映生猪规模养殖承载力内涵的指标，以便科学、公正的进行评价。

指标体系的筛选是一项复杂的系统工程，其中一个需要重点考虑的原则就是可操作性。目前，筛选指标的方法主要有专家咨询法、理论分析法、频度分析法以及对这几种方法进行综合的评价方法。本章采取三种方法的综合，同时，结合生猪规模养殖的现状和主要矛盾，进行分析、比较、综合，选择那些针对性较强的指标。在此基础上，进一步采用专家咨询法，对指标进行调整，然后考虑到评价的可操作性，进一步咨询专家，对少数数据不全的指标进行替换，最后得到生猪规模养殖环境承载力评价指标体系。

三　指标体系构建

根据上文的分析研究，生猪规模养殖环境承载力是指在一定条件下，在能够维持人类生活和环境质量的要求下，某一区域对生猪规模养殖这一经济活动的支持能力。生猪规模养殖最终是为了满足人类的物质需求，只有人类对生猪产品的需求量不断加大，才能促进其发展；生猪养殖业的发展需要足够的自然资源（土地、水等）做支撑，才能保证对生猪养殖业的物质供给和污染物的消纳；生猪养殖技术和污染处理技术的发展又必须要有经济做基础。由此看来，生猪规模养殖业并不是独立的经济活动，它与自然资源、环境、社会经济发展等状况息息相关。包括生猪规模养殖状况等反映生猪规模养殖污染物产生能力的指标；环境质量现状、自然资源等能够反映生猪规模养殖污染物消纳能力的指标；社会、经济发展等反映对生猪规模养殖支持能力的指标等。因此，生猪规模养殖环境承载力评价指标体系要充分考虑自然资源供给、环境保护和社会条件支持三个子系统。

　　本章对生猪规模养殖环境承载力进行综合评价，主要是将生猪规模养殖环境承载力评价指标体系分为三个层次：一是目标层，即生猪规模养殖的环境承载力；二是准则层，有自然资源供给类指标、社会条件支持类指标和污染承受能力类指标；三是指标层，采用可测的、可比的、可以获得的指标及指标群，对准则层进行直接的度量，它是指标体系的最基层的要素，即反映自然资源、环境质量、社会经济、生猪规模养殖状况的具体指标，从而得到生猪规模养殖环境承载力评价指标体系。

　　生猪规模养殖环境承载力评价指标体系对评价极其重要，如果指标体系的构建不合理，所得到的评价结果有可能完全背离现实，导致评价的结果缺乏实际意义。因此，构建生猪规模养殖环境承载力评价指标体系应遵循一定的原则和方法。生猪规模养殖环境承载力评价指标体系设计应该充分考虑中国的现实情况，并且具有一定的部门指导性和可操作性等。生猪规模养殖是一个非线性的复杂系统，对于复杂系统的测度，仅用单个的指标很难反映其主要特征，需要采用多指标综合评价分析，即由多个具有内在联系的指标按一定的结构层次组合在一起构成指标体系。多指标综合分析的实质是将众多反映不同方面、不同性质的信息，经过数学变换或处理，使之成为具备评价功能的综合量值，该数值大小是对研究对象的量化评价。本章主要采取系统法与目标法相结合的方法。先按研究对象—生猪规模养殖环境承载力的系统学方向分类，然后再逐个系统按目标法定出具体指标。筛选评价指标需要科学的思路和方法，不能仅由某一原则决定指标的取舍，而要综合考虑。同时，由于受认识水平的限制，对于指标的主成分性、针对性等目前还难以定量衡量，只能依赖评价者对生猪规模养殖承载力的内涵及对评价对象的了解程度做出选择。在指标的完备性方面，同样缺乏定量的衡量方法。

由于生猪规模养殖业并不是独立的经济活动，它与自然资源、环境、社会经济发展等状况息息相关。包括生猪规模养殖状况等反映生猪规模养殖污染物产生能力的指标；环境质量现状、自然资源等能够反映生猪规模养殖污染物消纳能力的指标；社会、经济发展等反映对生猪规模养殖支持能力的指标等。因此，我们的能源利用效率评价指标体系要充分考虑自然资源供给、环境保护和社会条件支持三个子系统。

因此，本章设计的生猪规模养殖环境承载力评价指标体系能够反映自然资源、环境质量、社会经济、生猪规模养殖状况。生猪规模养殖环境承载力评价指标体系具体如表4-1所示。

表4-1　　　　生猪规模养殖环境承载力评价指标体系

目标层	准则层	指标层
生猪规模养殖环境承载力指数（A）	自然资源供给力指数（B_1）	人均耕地面积（C_1） 人均水资源量（C_2） 人均粮食占有量（C_3）
	社会经济条件支持力指数（B_2）	人均国内生产总值（C_4） 工业企业研发经费支出相当于国内生产总值比例（C_5） 城镇和农村居民猪肉消费量（C_6）
	环境污染承受力指数（B_3）	生猪规模养殖密度（C_7）（逆向指标） 单位面积肥料施用量（C_8）（逆向指标） 工业废水排放量（地级及以上城市）（C_9）（逆向指标）

第四节　中国生猪规模养殖环境
承载力纵向评价

利用构建的评价指标体系，基于《中国统计年鉴》和《中国畜牧业统计年鉴》的原始数据见表 4-2，对我国 2006—2015 年的生猪规模养殖环境承载力进行综合评价。运用 SPSS 统计分析软件 FACTOR 过程，先对生猪规模养殖综合评价指标的准则层进行因子分析；通过计算得出各准则层的水平值，最后以各准则层为单一指标再次进行因子分析，计算得出生猪规模养殖的环境承载力综合水平。

一　自然资源供给力指数测度

（一）自然资源供给力指标计算及标准化

在进行指标体系评价时，为了解决各指标量纲不同、无法进行综合比较的问题，在完成数据采集工作后，还需要对数据进行同度量处理，以消除量纲进行分析比较。本章采用相对化处理方法，用每个指标的实际值 C_i 与相应的比较标准值 C_m 进行比较，对于"正向指标"，采用公式 C_i/C_m 进行处理；对于"逆向指标"采用公式 C_m/C_i 来处理，得自然资源供给力指标对应的标准化值 C_{11}、C_{22}、C_{33}，具体结果如表 4-3 所示。

（二）自然资源供给力指标描述性分析

表 4-4 给出了自然资源供给力指标的描述统计量，由表 4-2 可知，我国近十年来人均耕地面积持续减少，从 2006 年的 0.9893 公顷/人减少至 2015 年的 0.9821 公顷/人。指标的标准差极小，说明样本比较集中，离散程度较低，这与表 4-2 中近十年人均耕地面积减少幅度较小相对应；人均水资源占有量 2006—2007 年呈减少态势，2011 年后有所增加，2009 年和 2011 年有较大幅度的减少。从标准差来看，数值较大，说明样本离散程度较高，分布相对并不集

表 4 - 2　中国生猪规模养殖环境承载力纵向研究原始数据

年份	人均耕地面积（千公顷/万人）	人均水资源量（立方米/人）	人均粮食占有量（千克）	人均生产总值（元）	工业企业研发经费占生产总值比例（%）	城镇农村猪肉消费总量（吨）	单位面积化肥施用量（吨/公顷）	生猪规模养殖密度（头/平方千米）	工业废水排放总量（亿吨）
2006	0.9893	1932	380	16738	0.0074	2300	0.3789	63.7576	240
2007	0.9213	1916	381	20505	0.0078	2340	0.4196	58.8628	247
2008	0.9165	2071	399	24121	0.0084	2098	0.4304	63.5590	242
2009	1.0145	1816	399	26222	0.0092	2281	0.3992	67.2277	234
2010	1.0088	2310	409	30876	0.0097	2353	0.4112	69.4650	238
2011	0.9982	1730	425	36403	0.0122	2368	0.4218	69.0897	231
2012	0.9982	2186	437	40007	0.0133	2434	0.4320	72.6974	222
2013	0.9933	2060	443	43852	0.0140	2694	0.4374	74.5389	210
2014	0.9874	1999	445	47203	0.0144	2746	0.4440	76.5733	205
2015	0.9821	2039	453	49992	0.0146	2773	0.4461	73.7760	200

表 4 - 3　　　　　　　　　自然资源供给力指标计算及标准化

年份	人均耕地无量纲处理值（C_{11}）	人均水资源占有量无量纲处理值（C_{22}）	人均粮食无量纲处理值（C_{33}）
2006	0.99	0.84	0.84
2007	0.91	0.83	0.84
2008	0.90	0.90	0.88
2009	1.00	0.79	0.88
2010	0.99	1.00	0.90
2011	0.98	0.75	0.94
2012	0.98	0.95	0.96
2013	0.98	0.89	0.98
2014	0.97	0.87	0.98
2015	0.98	0.88	1.00

表 4 - 4　　　　　　　　　　　描述统计量

变量	样本	极小值	极大值	均值	标准差
C_{11}	10	0.90	1.00	0.9660	0.03340
C_{22}	10	0.75	1.00	0.8700	0.07303
C_{33}	10	0.84	1.00	0.9200	0.05963
有效样本（列表状态）	10				

中；人均粮食产量近十年持续增加，标准差较大，样本离散程度较高。

（三）自然资源供给力指数的计算

我们采用因子分析法对自然资源供给力指标进行分析。指标的相关系数矩阵是主成分分析的出发点。主成分分析法的适用有一定的条件，要求分析的指标间有一定的相关关系，但不完全相关。若指标间完全不相关或完全相关，主成分分析就失去了存在的基础。

第一，分析自然资源供给力各指标的相关性以及进行适用性检验,判断是否适用因子分析方法。相关矩阵表明,各自然资源供给力指标存在相关性,判断自然资源供给力各指标适合做因子分析。

由表4-5可知,三个原始变量之间存在相关性,说明原始标量适合做因子分析。

表4-5   原始变量的相关矩阵

	变量	C_{11}	C_{22}	C_{33}
相关	C_{11}	1.000	0.000	0.357
	C_{22}	0.000	1.000	0.199
	C_{33}	0.357	0.199	1.000

第二,因子的提取和命名。

表4-6为公因子方差,即给出了该次分析从每个原始变量中提取的信息。由表4-6数据可以看出,主成分包含各个原始变量的95%以上的信息。

表4-6   公因子方差

变量	初始	提取
C_{11}	1.000	0.7741
C_{22}	1.000	0.930
C_{33}	1.000	0.704

注:提取方法:主成分分析法。

提取因子后因子方差的值均很高,表明提取的因子能很好地描述这三个指标。根据表4-7因子方差贡献率的分析结果可知,因子1的方差贡献率为46.959%,特征值为1.409;因子2的方差贡献率为33.333%,特征值为1.000。这两个因子指标共同解释了方差的80.293%(超过80%),所以,我们取前两个因子作为第一主成分和第二主成分。

表 4 – 7 因子方差贡献率

因子	初始特征值			提取平方和载入			旋转平方和载入		
	合计	方差的 百分比 （%）	累计 百分比 （%）	合计	方差的 百分比 （%）	累计 百分比 （%）	合计	方差的 百分比 （%）	累计 百分比 （%）
1	1.409	46.959	46.959	1.409	46.959	46.959	1.346	44.880	44.880
2	1.000	33.333	80.293	1.000	33.333	80.293	1.062	35.412	80.293
3	0.591	19.707	100.000						

注：提取方法：主成分分析法。因为计算过程中的四舍五入，各分项百分比之和有时不等于100%。下同。

由图 4 – 1 也可以看出，成分数为 2 时，特征值的变化曲线趋于平缓，所以，由碎石图也可大致确定出因子数为 2。与按累计贡献率确定的主成分个数是一致的。

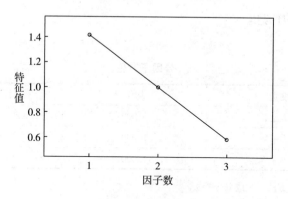

图 4 – 1 碎石图

根据表 4 – 8 中的数据，第二列表明第一主成分与各个变量之间的相关性；第三列表明第二主成分与各个变量之间的相关性。在因子矩阵中，载荷系数越大，说明因子对原始变量的解释能力越强，因子与变量之间的相关性即为载荷系数。如表 4 – 8 所示，第一主成分在变量 C_{11} 和 C_{33} 上有最大载荷，相关系数分别为 0.733 和 0.839，

第二个成分在 C_{22} 上有最大载荷,相关系数为 0.873。由此可以得出,变量 C_{11} 和 C_{33} 主要由第一主成分解释,C_{22} 主要由第二主成分解释。

表 4 - 8   因子矩阵

变量	因子	
	1	2
C_{33}	0.839	0.000
C_{11}	0.733	- 0.487
C_{22}	0.409	0.873

注:提取方法:主成分分析法。a. 已提取了两个成分。

下面做因子旋转后的因子载荷矩阵(见表 4 - 9)。

表 4 - 9   旋转因子载荷矩阵

变量	因子	
	1	2
C_{11}	0.865	- 0.162
C_{33}	0.773	0.328
C_{22}	0.035	0.964

本章采用方差最大正交旋转法,旋转后的因子载荷矩阵和因子得分都发生了变化,使因子载荷矩阵中的系数更趋向于 0 或正负 1,对公因子的解释和因子的命名更加可靠,对于结果的解释更有帮助。旋转后得到的因子载荷矩阵如表 4 - 9 所示,因子 1 在变量 C_{11} 和 C_{33} 有最大载荷分别为 0.865 和 0.773,因子 2 在 C_{22} 上有最大载荷为 0.964。因此,可以将因子 1 命名为 F_{B11},将因子 2 命名为 F_{B12}。

第三,因子的得分。计算得到的因子得分系数矩阵如表 4 - 10 所示。

表 4 – 10 因子得分系数矩阵

变量	因子	
	1	2
C_{11}	0.669	– 0.245
C_{22}	– 0.074	0.917
C_{33}	0.548	0.233

各个因子表达式为:

$$F_{B11} = 0.669 \times C_{11} - 0.074 \times C_{22} + 0.548 \times C_{33}$$

$$F_{B12} = -0.245 \times C_{11} + 0.917C_{22} + 0.233C_{33}$$

对前两个因子的方差贡献率(46.959%,33.333%)进行归一化处理得(58.49%,41.51%),以每个因子的方差贡献率为权数,可以得到能源系统指数为:

$$B_1 = 58.49\% \times F_{B11} + 41.51\% \times F_{B12}$$

得到因子得分及能源系统指数即自然资源供给能力指数如表 4 –11 所示。

表 4 – 11 自然资源供给力指数

年份	F_{B11}	F_{B12}	B_1
2006	1.05378	0.72590	0.91768
2007	1.00769	0.73388	0.89403
2008	1.01774	0.80984	0.93144
2009	1.09278	0.68447	0.92329
2010	1.08151	0.88415	0.99959
2011	1.11524	0.66667	0.92904
2012	1.11140	0.85473	1.00486
2013	1.12680	0.80437	0.99296
2014	1.12159	0.78848	0.98332
2015	1.13181	0.80231	0.99503

根据表 4 - 11 的数据，可以得出自然资源供给力指数图如图 4 - 2 所示。

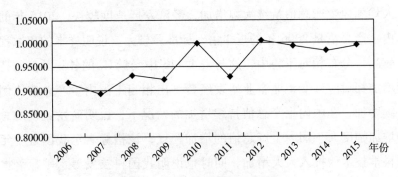

图 4 - 2　自然资源供给力指数

从图 4 - 2 中可以看出，虽然人均耕地面积在不断下降，但是，随着科学技术的进步，整个自然供给力在不断增强。

二　社会经济支持力指数测度

（一）社会经济条件支持力指标计算及标准化

计算得出社会经济条件支持力指标对应的标准化值 C_{44}、C_{55}、C_{66}，具体结果如表 4 - 13 所示。

表 4 - 12　　　　　　社会经济条件支持力指标计算及标准化

年份	人均国内生产总值无量纲处理值（C_{44}）	工业企业研发经费支出相当于国内生产总值比例无量纲处理值（C_{55}）	城镇和农村居民猪肉消费量无量纲处理值（C_{66}）
2006	0.33	0.51	0.83
2007	0.41	0.54	0.84
2008	0.48	0.57	0.76
2009	0.52	0.63	0.82
2010	0.62	0.67	0.85
2011	0.73	0.84	0.85
2012	0.80	0.91	0.88
2013	0.88	0.96	0.97
2014	0.94	0.98	0.99
2015	1.00	1.00	1.00

资料来源：历年《中国统计年鉴》。

（二）社会经济条件支持力指标描述性分析

结合表 4 – 12 与表 4 – 13 的描述统计结果可知：①我国近十年来人均国内生产总值持续大幅增加，经济发展速度较快，2015 年的国内生产总值是 2006 年的近 3 倍，标准差较大，说明样本的离散程度较高，分布相对不集中，这与表 4 – 13 中变量 C_{44} 的各年数值的持续增加相对应；②工业企业研发经费支出相当于国内生产总值比例持续增加，在国内生产总值持续增加的情况下，说明研发经费的总额增加幅度大于国内生产总值的增加幅度，该指标表示我国近十年对科学技术的投入大大增加，同时也说明我国科技发展水平显著提高；③城镇和农村居民猪肉消费量整体呈增加趋势，增幅较小，标准差极小，样本离散程度低，集中程度较高，这与猪肉消费量各年增幅较小相对应。

表 4 – 13　　　　　　　　　　　描述统计量

变量	样本	极小值	极大值	均值	标准差
C_{44}	10	0.33	1.00	0.6710	0.23350
C_{55}	10	0.51	1.00	0.7610	0.19632
C_{66}	10	0.76	1.00	0.8790	0.08062
有效样本（列表状态）	10				

（三）社会经济条件支持力指数的计算

第一，分析自然资源供给力各指标的相关性以及进行适用性检验，判断是否适用因子分析方法。得出的结果如表 4 – 14 所示。

表 4 – 14　　　　　　　　　　　相关性

变量		C_{44}	C_{55}	C_{66}
C_{44}	Pearson 相关性	1	0.987 **	0.868 **
	P 值（双侧）		0.000	0.001
	样本	10	10	10

续表

变量		C_{44}	C_{55}	C_{66}
C_{55}	Pearson 相关性	0.987 **	1	0.865 **
	P 值（双侧）	0.000		0.001
	样本	10	10	10
C_{66}	Pearson 相关性	0.868 **	0.865 **	1
	P 值（双侧）	0.001	0.001	
	样本	10	10	10

由表 4 - 14 可知：

（1）人均 GDP 与工业企业研发经费支出之间的相关系数为 0.987，双侧检验 P 值为 0.000，小于 0.01，说明人均 GDP 与工业企业研发经费支出在 0.01 的显著性水平下显著正相关。

（2）人均 GDP 与猪肉消费量之间的相关系数为 0.868，双侧检验 P 值为 0.001，小于 0.01，说明人均 GDP 与猪肉消费量在 0.01 的显著性水平下显著正相关。

（3）工业企业研发经费支出与猪肉消费量之间的相关系数为 0.865，双侧检验 P 值为 0.001，小于 0.01，说明工业企业研发经费支出与猪肉消费量在 0.01 的显著性水平下显著正相关。

表 4 - 15 显示，KMO 检验值为 0.725，Bartlett 球形度检验的近似卡方统计值为 36.302，P 值 = 0.000 < 0.01，则应拒绝零假设，且结合表 4 - 14 可知，原始变量之间存在显著相关性，适合做因子分析。

表 4 - 15　　　　　　　　KMO 和 Bartlett 球形度检验

取样足够度的 KMO 度量		0.725
Bartlett 球形度检验	近似卡方	36.302
	自由度	3
	P 值	0.000

第二，因子的提取和命名。表4-16 给出了该次分析从每个原始变量中提取的信息。由表4-16 数据可以看出，主成分包含各个原始变量99%以上的信息。

表4-16　　　　　　　　　　　公因子方差

变量	初始	提取
C_{44}	1.000	0.993
C_{55}	1.000	0.994
C_{66}	1.000	1.000

注：提取方法：主成分分析法。

提取因子后，因子方差的值均很高，表明提取的因子能很好地描述这三个指标。根据表4-17 因子方差贡献率的分析结果可知，因子1和因子2的方差贡献率分别为93.825%和5.741%，特征值分别为2.815和0.172，这两个指标解释了方差的99.566%（超过80%），所以，我们提取前两个因子作为第一主成分和第二主成分。

表4-17　　　　　　　　　　　因子方差贡献率

因子	初始特征值			提取平方和载入			旋转平方和载入		
	合计	方差的百分比（%）	累计百分比（%）	合计	方差的百分比（%）	累计百分比（%）	合计	方差的百分比（%）	累计百分比（%）
1	2.815	93.825	93.825	2.815	93.825	93.825	1.737	57.903	57.903
2	0.172	5.741	99.566	0.172	5.741	99.566	1.250	41.663	99.566
3	0.013	0.434	100.000						

注：提取方法：主成分分析法。

由图4-3 也可以看出，因子数为2时，特征值的变化曲线趋于平缓，所以，由碎石图也可大致确定出主成分个数为2。与按累计贡献率确定的主成分个数是一致的。

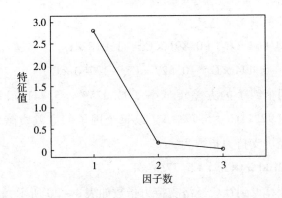

图 4 – 3　碎石图

如表 4 – 18 所示，因子 1 在变量 C_{44}、C_{55} 上有最大载荷，相关系数分别为 0.860 和 0.863；因子 2 在变量 C_{66} 上有最大载荷，相关系数为 0.864。可以得出，变量 C_{44} 和 C_{55} 由因子 1 解释，变量 C_{66} 由因子 2 解释，可将因子 1 命名为 F_{B21}，将因子 2 命名为 F_{B22}。

表 4 – 18　　　　　　　　　　旋转因子矩阵

变量	因子	
	1	2
C_{55}	0.863	0.498
C_{44}	0.860	0.505
C_{66}	0.503	0.864

注：提取方法：主成分分析法。旋转法：具有 Kaiser 标准化的正交旋转法。a. 旋转在 3 次迭代后收敛。

第三，因子的得分。具体因子得分系数矩阵如表 4 – 19 所示。

表 4 – 19　　　　　　　　　　因子得分系数矩阵

变量	因子	
	1	2
C_{44}	0.864	– 0.494
C_{55}	0.891	– 0.527
C_{66}	– 1.018	1.750

得到各个因子表达式为：

$$F_{B21} = 0.864 \times C_{44} + 0.891 \times C_{55} - 1.018 \times C_{66}$$

$$F_{B22} = -0.494 \times C_{44} - 0.527 \times C_{55} + 1.750 \times C_{66}$$

对前两个因子的方差贡献率（93.825%，5.741%）进行归一化处理得（92.11%，5.77%），以每个因子的方差贡献率为权数，得到社会经济支持力指数为：

$$B_2 = 92.11\% \times F_{B21} + 5.77\% \times F_{B22}$$

根据计算得到社会经济支持力指数如表 4 - 20 所示。

表 4 - 20　　　　　　　社会经济支持力指数

年份	F_{B21}	F_{B21}	B_2
2006	- 0.10541	1.02071	- 0.03820
2007	- 0.01974	0.98288	0.03853
2008	0.14891	0.79249	0.18289
2009	0.17585	0.84611	0.21080
2010	0.26735	0.82813	0.29404
2011	0.51386	0.68420	0.51279
2012	0.60617	0.66523	0.59673
2013	0.62822	0.75686	0.62232
2014	0.67752	0.75168	0.66744
2015	0.73700	0.72900	0.72091

根据表 4 - 20 得到社会经济支持力指数折线图如图 4 - 4 所示。

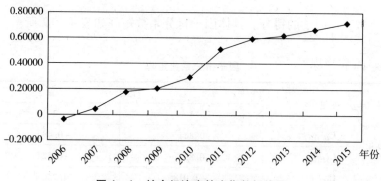

图 4 - 4　社会经济支持力指数折线图

随着社会经济的迅速发展，居民的消费能力和消费水平得到提高；同时，国家对科学技术持续增加的投入，以及科技的发展都能较好地支持生猪规模养殖。

三　环境污染承受力指数测度

（一）环境污染承受力指标计算及标准化

计算得出环境污染承受力指标对应的标准化值 C_{77}、C_{88} 和 C_{99}，具体结果如表 4 - 21 所示。

表 4 - 21　　　　　　环境污染承受力指标计算及标准化

年份	生猪规模养殖密度无量纲处理值（C_{77}）	单位面积肥料施用量无量纲处理值（C_{88}）	工业废水排放量无量纲处理值（C_{99}）
2006	0.92	1.00	0.83
2007	1.00	0.90	0.81
2008	0.93	0.88	0.83
2009	0.88	0.95	0.85
2010	0.85	0.92	0.84
2011	0.85	0.90	0.86
2012	0.81	0.88	0.90
2013	0.79	0.87	0.95
2014	0.77	0.85	0.97
2015	0.77	0.85	1.00

（二）环境污染承受力指标描述性分析

结合表 4 - 21 和表 4 - 22，可得出以下结论：

（1）生猪规模养殖密度整体呈递增趋势，说明我国生猪养殖数量逐年增加。经查找的数据显示，2015 年年底，我国养猪头数达到了 70825 万头，比 2004 年年底数量增加了 13546.5 万头，增幅较大。

（2）单位面积肥料施用量逐年增加，标准差较小，样本波动较小。

（3）工业废水排放量从 2006—2007 年有所增加，这是因为工业的迅速发展带来了废水污染的增加；而 2008 年之后，废水排放量有所减少，这并不代表着工业的退化，而是国家采取了行管的防治措施、企业采取了更先进的技术，降低了工业发展带来的废弃物的排放。标准差较大，样本离散程度较高，波动幅度大。

表 4 - 22   描述统计量

变量	样本	极小值	极大值	均值	标准差
C_{77}	10	0.77	1.00	0.8570	0.07617
C_{88}	10	0.85	1.00	0.9000	0.04667
C_{99}	10	0.81	1.00	0.8840	0.06703
有效样本（列表状态）	10				

（三）环境污染承受力指数的计算

第一，分析环境污染承受力各指标的相关性以及进行适用性检验，判断是否适用因子分析方法。得出因子相关系结果如表 4 - 23 所示。

表 4 - 23   因子相关性

变量		C_{77}	C_{88}	C_{99}
相关性	C_{77}	1.000	0.547	- 0.892
	C_{88}	0.547	1.000	- 0.686
	C_{99}	- 0.892	- 0.686	1.000

由表 4 - 23 可知，三个原始变量之间存在相关性，且最大相关性达到 - 0.892，进一步说明原始标量适合做因子分析。

如表 4 - 24 所示，KMO 检验值为 0.603，Bartlett 球形度检验的近似卡方统计值为 16.199，P 值 = 0.001 < 0.01，应拒绝零假设，表明数据适合做因子分析。

第二，因子的提取和命名。表 4 - 25 给出了该次分析从每个原始变量中提取的信息。由表 4 - 25 中的数据可以看出，公因子包含各个原始变量的 90% 以上的信息。

表 4 – 24   **KMO 和 Bartlett 球形度检验**

取样足够度的 KMO 度量		0.603
Bartlett 球形度检验	近似卡方	16.199
	自由度	3
	P 值（双尾显著性）	0.001

表 4 – 25   **公因子方差**

变量	初始	提取
C_{77}	1.000	0.966
C_{88}	1.000	0.997
C_{99}	1.000	0.949

注：提取方法：主成分分析法。

提取因子后因子方差的值均很高，表明提取的因子能很好地描述这三个指标。根据表 4 – 26 因子方差贡献率的分析结果可知，因子 1 的方差贡献率为 80.869%，特征值为 2.426；因子 2 的方差贡献率为 16.178%，特征值为 0.485，这两个指标共同解释了方差的 97.047%（超过 80%），所以，我们提取前两个因子作为第一主成分和第二主成分。

表 4 – 26   **因子方差贡献率**

因子	初始特征值			提取平方和载入			旋转平方和载入		
	合计	方差的百分比（%）	累计百分比（%）	合计	方差的百分比（%）	累计百分比（%）	合计	方差的百分比（%）	累计百分比（%）
1	2.426	80.869	80.869	2.426	80.869	80.869	1.754	58.481	58.481
2	0.485	16.178	97.047	0.485	16.178	97.047	1.157	38.566	97.047
3	0.089	2.953	100.000						

注：提取方法：主成分分析法。

由图 4 - 5 可以看出，因子数为 2 时，特征值的变化曲线趋于平缓，所以，由碎石图也可大致确定出主成分个数为 2。与按累计贡献率确定的主成分个数是一致的。

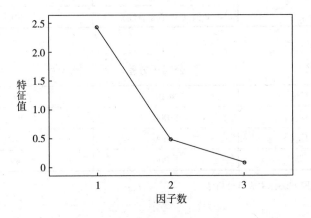

图 4 - 5　碎石图

如表 4 - 27 所示，因子 1 在变量 C_{77} 和 C_{99} 上有最大载荷，相关系数分别为 0.914 和 - 0.963，因子 2 在变量 C_{88} 上有最大载荷，相关系数为 0.578. 则变量 C_{77} 和 C_{99} 由因子 1 解释，变量 C_{88} 由因子 2 解释。

表 4 - 27　　　　　　　　　旋转因子载荷矩阵

变量	因子	
	1	2
C_{99}	- 0.963	0.147
C_{77}	0.914	- 0.360
C_{88}	0.814	0.578

做因子旋转之后的因子载荷矩阵如表 4 - 28 所示。

表 4 – 28　　　　　　　　　　旋转因子载荷矩阵

变量	因子	
	1	2
C_{77}	0.951	0.247
C_{99}	– 0.865	– 0.448
C_{88}	0.318	0.946

　　旋转后得到因子 1 在 C_{77} 和 C_{99} 上的最大载荷系数达到 0.951 和 – 0.865，因子 2 在 C_{88} 上的最大载荷系数达到 0.946。现将因子 1 命名为 F_{B31}，将因子 2 命名为 F_{B32}。

　　第三，因子的得分。因子得分系数矩阵如表 4 – 29 所示。

表 4 – 29　　　　　　　　　　因子得分系数矩阵

变量	因子	
	1	2
C_{77}	0.741	– 0.377
C_{88}	– 0.430	1.161
C_{99}	– 0.499	0.012

　　得到各个因子表达式为：

$$F_{B31} = 0.741 \times C_{77} - 0.430 \times C_{88} - 0.499 \times C_{99}$$

$$F_{B32} = -0.377 \times C_{77} + 1.161 \times C_{88} + 0.012 \times C_{99}$$

　　对前两个因子的方差贡献率（80.869%，16.178%）进行归一化处理得（83.33%，16.67%），以每个因子的方差贡献率为权数，得到环境污染承受力指数为：

$$B3 = 83.33\% \times F_{B31} + 16.67\% \times F_{B32}$$

　　得到因子得分及生猪规模养殖环境承载力指数如表 4 – 30 所示。

　　得到环境污染承受力指数直方图如图 4 – 6 所示。

表 4 – 30 生猪规模养殖环境污染承受力指数

年份	F_{B31}	F_{B32}	B_3
2006	– 0.16245	0.72412	– 0.03820
2007	– 0.05019	0.58762	0.03853
2008	– 0.10344	0.59303	0.18289
2009	– 0.18057	0.68639	0.21080
2010	– 0.18491	0.66575	0.29404
2011	– 0.18629	0.64477	0.51279
2012	– 0.22729	0.63911	0.59673
2013	– 0.26276	0.63664	0.62232
2014	– 0.27896	0.62320	0.66744
2015	– 0.29393	0.62356	0.72091

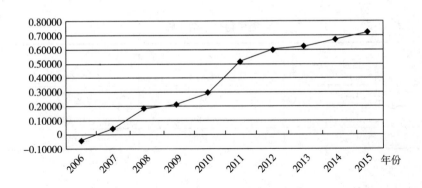

图 4 – 6 环境污染承受力指数直方图

随着规模养殖场和规模养殖生猪的不断增加，生猪规模养殖的密度越来越大，随着社会的进步，特别是中国过去几十年经济的飞速发展和工业的快速发展，以及农业生产领域肥料施用量的不断加大，整个环境承受了巨大的压力，但是，由于国家环保意识提高，所以，工业废水排放量大幅度降低，我国的环境承载力正在向好的方向发展。

四 生猪规模养殖环境污染承载力综合水平测度

经综合考虑，自然资源环境支持力层次分析法作为非结构化决策问题的建模技术方法、社会经济支持力和污染承受力指标，因为它们可以看作三个独立的自然资源系统、经济社会系统和环境污染系统，我们采用层次分析法，综合分析生猪规模养殖的承受力。为了使所确定的权重更具科学性和代表性，尽量增加样本数量，共邀请专家 40 余人进行专家评分，广泛听取专家意见，得到判断矩阵表（见表 4-31）。

表 4-31　　　　　　　　　　A—B 判断矩阵

A	B_1	B_2	B_3
B_1	1	2	1
B_2	1/2	1	1/2
B_3	1	2	1

运用 Matlab 软件计算各判断矩阵特征向量 W 及最大特征根 λ_{max} 及 CI、CR 如下：$\lambda_{max} = 3$，W =（0.4000，0.2000，0.4000），CI = 0，CR = 0 < 0.1。由此看出，判断矩阵具有满意一致性，说明权数分配是合理的。得到生猪规模养殖环境承载力综合指数 A = 0.4 × B_1 + 0.2 × B_2 + 0.4 × B_3，进而得到生猪规模养殖环境承载力指数如表 4-32 和图 4-7 所示。

表 4-32　　　　　　　　生猪规模养殖环境承载力指数

年份	B_1	B_2	B_3	A
2006	0.91768	-0.03820	-0.03820	0.34415
2007	0.89403	0.03853	0.03853	0.38073
2008	0.93144	0.18289	0.18289	0.48231
2009	0.92329	0.21080	0.21080	0.49580
2010	0.99959	0.29404	0.29404	0.57626
2011	0.92904	0.51279	0.51279	0.67929
2012	1.00486	0.59673	0.59673	0.75998

续表

年份	B_1	B_2	B_3	A
2013	0.99296	0.62232	0.62232	0.77058
2014	0.98332	0.66744	0.66744	0.79379
2015	0.99503	0.72091	0.72091	0.83056

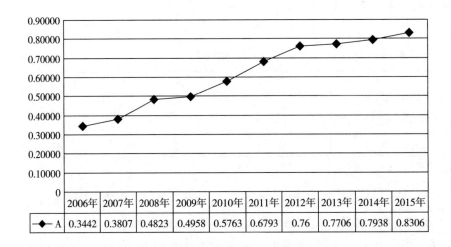

	2006年	2007年	2008年	2009年	2010年	2011年	2012年	2013年	2014年	2015年
◆ A	0.3442	0.3807	0.4823	0.4958	0.5763	0.6793	0.76	0.7706	0.7938	0.8306

图4-7 生猪规模养殖环境承载力指数折线图

由此可以看出，虽然规模养殖场和规模养殖生猪的不断增加，生猪规模养殖的密度越来越大，环境污染情况越来越严重，但是，随着社会的进步，特别是经济社会的快速发展和供给能力的不断提高，生猪规模养殖环境承载力的综合指数出现上升趋势。

第五节 研究结论

生猪养殖业作为我国畜牧业和农业的重要产业，对国家经济社会发展和人民生活水平的提高都有着不可替代的重要意义。笔者在现有研究成果的基础上，采用SPPS工具，对生猪规模养殖环境承载力进行综合评价，对生猪规模养殖废弃物的处理和资源开发的进一步研究，具有一定的理论价值和实际意义，从而推动生猪规模养殖的可持续发展。

通过对中国地区生猪规模养殖环境承载力的评价研究，我们发现，随着经济社会的全面发展，特别是科学技术水平的提高，中国地区自然资源供给力不断提升，供给指数不断提高；经济社会和科学技术的发展可以对环境污染治理进行反哺。就目前情况看，整体环境指数还在不断下降，需要进一步重视生猪规模养殖环境污染治理。就生猪规模养殖环境承载力的综合指数看，由于经济社会的发展和科学技术水平的提高，所以，生猪规模养殖环境承载力的综合水平呈现上升趋势。

第五章　中部地区生猪规模养殖
环境承载力评价研究

第四章我们对全国纵向的生猪规模养殖的环境承载力进行了研究，本章在基于第四章对生猪规模养殖环境承载力研究的基础之上，结合我国中部六省相关数据进行中部地区生猪规模养殖环境承载力评价研究。

第一节　中部地区生猪规模养殖环境
承载力评价指标体系

我们采用中部六个省份 2015 年的数据来横向比较中部地区生猪规模养殖环境承载力指数，这六个省分别为山西省、安徽省、江西省、河南省、湖北省和湖南省。由于在数据查找过程中，一些数据出现遗漏，所以，评价指标有所变化，重新构建的指标体系和原始数分别如表 5 - 1 和表 5 - 2 所示。

表 5 - 1　　中部地区生猪规模养殖环境承载力评价指标体系

目标层	准则层	指标层
中部六省 生猪规模 养殖环境 承载力指 数（X）	自然资源供给力 指数（Y_1）	人均耕地面积（Z_1）
		人均水资源量（Z_2）
		人均粮食占有量（Z_3）
	社会经济条件 支持力指数（Y_2）	人均地区生产总值（Z_4）
		工业企业研发经费支出占地区生产总值比例（Z_5）

续表

目标层	准则层	指标层
中部六省生猪规模养殖环境承载力指数（X）	社会经济条件支持力指数（Y_2）	猪肉总产量（Z_6）
	环境污染承受力指数（Y_3）	单位面积肥料施用量（Z_7）（逆向指标）
		生猪规模养殖密度（Z_8）（逆向指标）
		工业废水排放量（Z_9）（逆向指标）

表 5 - 2　　　　中部地区生猪规模养殖环境承载力原始数据

省份	山西	安徽	江西	河南	湖北	湖南
人均耕地面积（公顷/人）	0.1108	0.0956	0.0671	0.0855	0.0898	0.0612
人均水资源量（立方米/人）	257.1	1495.3	4394.5	303.7	1740.9	2839.1
人均粮食占有量（公斤）	345	579	472	641	463	444
人均地区生产总值（元）	34919	35997	36724	39123	50654	42754
工业企业研发经费占地区生产总值比例（%）	0.79	1.46	0.88	1.00	1.38	1.22
猪肉总产量（万吨）	60.3	259.1	253.5	468	331.5	448
单位面积化肥施用量	7.56	24.26	8.60	42.88	17.96	11.64
生猪规模养殖密度（头/平方千米）	50	213	194	370	235	287
工业废水排放量（亿吨）	4.14	7.14	7.64	12.98	8.08	7.69

第二节　中部地区自然资源供给力指数测度

一　自然资源供给力指标计算及标准化

计算得出中部六省自然资源供给力指标对应的标准化值 Z_{11}、Z_{22}、Z_{33}，具体结果如表 5 - 3 所示。

表 5 - 3　　　　　中部六省自然资源供给力指标计算及标准化

省份	人均耕地无量纲处理值（Z_{11}）	人均水资源占有量无量纲处理值（Z_{22}）	人均粮食无量纲处理值（Z_{33}）
山西	1.00	0.06	0.54
安徽	0.86	0.34	0.90
江西	0.61	1.00	0.74
河南	0.77	0.07	1.00
湖北	0.81	0.40	0.72
湖南	0.55	0.65	0.69

资料来源：历年《中国统计年鉴》。

二　自然资源供给力指标描述性分析

表 5 - 4 给出了自然资源供给力指标的描述统计量。由表 5 - 3 和表 5 - 4 中数据可知，中部六省人均耕地面积标准差数值较小，说明样本离散程度低。人均耕地面积最大的为山西省，最小的为湖南省，且差距较小，这与标准差较小相对应。平均值为 0.7667，中部六个省中只有江西省和湖南省人均耕地面积在平均值之下；人均水资源占有量标准差较大，样本离散程度高。其中，占有量最大的为江西省，最小的为山西省，最大值超过最小值的 16 倍，说明我国中部地区人均水资源分布极其不平衡。中部六省中山西省、安徽省、河南省和湖北省人均水资源量均在平均值 0.4200 之下；人均粮食占有量标准差较小，样本分布较集中。最小值与最大值之间差距不大，山西省、江西省、湖北省和湖南省在平均值 0.7650 之下。

表 5 - 4　　　　　　　　　描述统计量

变量	样本	极小值	极大值	均值	标准差
Z_{11}	6	0.55	1.00	0.7667	0.16525
Z_{22}	6	0.06	1.00	0.4200	0.36006
Z_{33}	6	0.54	1.00	0.7650	0.16270
有效样本（列表状态）	6				

三　自然资源供给力指数的计算

第一，分析自然资源供给力各指标的相关性并进行适用性检验，判断是否适用因子分析方法。

由表 5 – 5 可知，三个原始变量之间存在相关性，且最大相关性达到 – 0.787，进一步说明原始标量适合做因子分析。

表 5 – 5　　　　　　　　　　原始变量的相关矩阵

变量		Z_{11}	Z_{22}	Z_{33}
相关性	Z_{11}	1.000	– 0.787	– 0.155
	Z_{22}	– 0.787	1.000	– 0.146
	Z_{33}	– 0.155	– 0.146	1.000

第二，因子的提取和命名。表 5 – 6 给出了该次分析从每个原始变量中提取的信息。由表 5 – 6 中数据可以看出，主成分包含了各个原始变量的 90% 以上的信息。

表 5 – 6　　　　　　　　　　公因子方差

变量	初始	提取
Z_{11}	1.000	0.925
Z_{22}	1.000	0.926
Z_{33}	1.000	0.990

注：提取方法：主成分分析。

提取因子后因子方差的值均很高，表明提取的因子能很好地描述这三个指标。根据表 5 – 7 因子方差贡献率的分析结果可知，因子 1 的方差贡献率为 59.577%，特征值为 1.787；因子 2 的方差贡献率为 35.137%，特征值为 1.054。这两个指标共同解释了方差的 94.714%（超过 80%），所以，我们取前两个因子作为第一主成分和第二主成分。

表5-7 因子方差贡献率

因子	初始特征值			提取平方和载入			旋转平方和载入		
	合计	方差百分比(%)	累计百分比(%)	合计	方差百分比(%)	累计百分比(%)	合计	方差百分比(%)	累计百分比(%)
1	1.787	59.577	59.577	1.787	59.577	59.577	1.787	59.575	59.575
2	1.054	35.137	94.714	1.054	35.137	94.714	1.054	35.140	94.714
3	0.159	5.286	100.000						

注：提取方法：主成分分析法。

由图5-1可以看出，因子数为2时，特征值的变化曲线趋于陡峭，所以，由图5-1碎石图也可大致确定出主成分个数为2。与按累计贡献率确定的主成分个数是一致的。

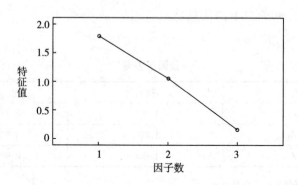

图5-1 碎石图

如表5-8所示，第一个因子在变量 Z_{11} 和 Z_{22} 上有最大载荷，相关系数分别为 -0.946 和 0.944，第二个因子在 Z_{33} 上有最大载荷，相关系数为 0.995。可以得出：变量 Z_{11} 和 Z_{22} 主要由第一主成分解释，Z_{33} 主要由第二主成分解释。

表 5 - 8　　　　　　　　　　　　因子载荷矩阵

变量	因子	
	1	2
Z_{11}	-0.946	-0.172
Z_{22}	0.944	-0.185
Z_{33}	0.011	0.995

注：提取方法：主成分分析法。a. 已提取了两个因子。

下面做因子旋转后的因子载荷阵。

旋转后得到结果如表 5 - 9 所示，因子 1 在变量 Z_{11} 和 Z_{22} 有最大载荷分别为 -0.945 和 0.946，因子 2 在 Z_{33} 上有最大载荷为 0.995。可将因子 1 命名为 F_{Y11}，将因子 2 命名为 F_{Y12}。

表 5 - 9　　　　　　　　　　　　旋转后的因子矩阵

变量	因子	
	1	2
Z_{22}	0.946	-0.176
Z_{11}	-0.945	-0.181
Z_{33}	0.002	0.995

注：提取方法：主成分分析法。旋转法：具有 Kaiser 标准化的正交旋转法。a. 旋转在 3 次迭代后收敛。

第三，因子的得分。因子得分系数矩阵如表 5 - 10 所示。

得各个因子表达式为：

$$F_{Y11} = -0.528 \times Z_{11} + 0.530 \times Z_{22} - 0.002 \times Z_{33}$$

$$F_{Y12} = -0.168 \times Z_{11} - 0.170 \times Z_{22} + 0.944 \times Z_{33}$$

对前两个因子的方差贡献率（59.577%，35.137%）进行归一化处理得（62.90%，37.10%），以每个因子的方差贡献率为权数，得到能源系统指数为：

表 5 – 10　　　　　　　　　　因子得分系数矩阵

变量	因子	
	1	2
Z_{11}	− 0.528	− 0.168
Z_{22}	0.530	− 0.170
Z_{33}	− 0.002	0.944

注：提取方法：主成分分析法。旋转法：具有 Kaiser 标准化的正交旋转法。构成得分。

$$Y_1 = 62.90\% \times F_{Y11} + 37.10\% \times F_{Y12}$$

得到因子得分及能源系统指数如表 5 – 11 所示。

表 5 – 11　　　　　　　　自然资源供给力指数

省份	F_{Y11}	F_{Y12}	Y_1
山西	− 0.22728	0.33156	− 0.01995
安徽	− 0.04348	0.64732	0.21281
江西	0.37114	0.42608	0.39152
河南	− 0.16356	0.80274	0.19494
湖北	0.00158	0.47560	0.17744
湖南	0.20122	0.44846	0.29295

得到中部地区自然资源供给力指数如图 5 – 2 所示。

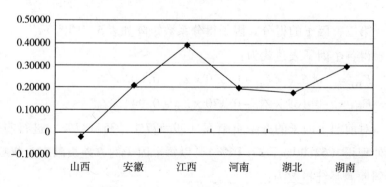

图 5 – 2　中部地区自然资源供给力指数

由图 5 - 2 可以看出，中部地区中，江西省自然资源供给力指数最高，其后是湖南省、安徽省、河南省、湖北省，指数最低的是山西省。说明我国中部地区六个省份中，江西省的人均自然资源占有量最多，能够较好地支撑生猪规模养殖导致的资源消耗，而山西省的人均自然资源占有量最少，对生猪规模养殖的资源承载力较低。

第三节　中部地区社会经济支持力指数测度

一　社会经济支持力指标计算及标准化

计算得出中部六省自然资源供给力指标对应的标准化值 Z_{44}、Z_{55}、Z_{66}，具体结果如表 5 - 12 所示。

表 5 - 12　　　　中部六省自然资源供给力指标计算及标准化

省份	人均地区生产总值无量纲处理值（Z_{44}）	工业企业研发经费占地区生产总值比例无量纲处理值（Z_{55}）	猪肉总产量无量纲处理值（Z_{66}）
山西	0.69	0.54	0.13
安徽	0.71	1.00	0.55
江西	0.72	0.60	0.54
河南	0.77	0.68	1.00
湖北	1.00	0.94	0.71
湖南	0.84	0.83	0.96

资料来源：历年《中国统计年鉴》。

下面进行社会经济支持力指标描述性分析。表 5 - 13 给出了社会经济支持力指标的描述统计量，由表 5 - 12 和表 5 - 13 中数据可知，人均地区生产总值标准差较小，样本离散程度较低，其中湖北省人均地区生产总值最高，山西省最低，山西省、安徽省、江西省和河南省均在平均值之下；工业企业研发经费支出占地区生产总值比例指标最大值为安徽省，最小值为山西省。平均值为 0.77，山西省、江西省和河南省均在平均值之下；猪肉总产量标准差较大，样本离散程度高，最大值为河南省，最小值为山西省，且最大值超过最小值的 7 倍，差距较大。山西省、安徽省和江西省在平均水平之下。

表 5 – 13 描述统计量

变量	样本	极小值	极大值	均值	标准差
Z_{44}	6	0.69	1.00	0.7883	0.11686
Z_{55}	6	0.54	1.00	0.7650	0.18716
Z_{66}	6	0.13	1.00	0.6483	0.32084
有效样本（列表状态）	6				

二 社会经济支持力指数的计算

第一，分析社会经济支持力各指标的相关性，并进行适用性检验，判断是否适用因子分析方法。

由表 5 – 14 可知，三个原始变量之间存在相关性，说明原始标量适合做因子分析。

表 5 – 14 原始变量的相关矩阵

	变量	Z_{44}	Z_{55}	Z_{66}
相关性	Z_{44}	1.000	0.521	0.474
	Z_{55}	0.521	1.000	0.375
	Z_{66}	0.474	0.375	1.000

第二，因子的提取和命名。表 5 – 15 给出了该次分析从每个原始变量中提取的信息。

提取因子后因子方差的值均很高，表明提取的因子能很好地描述这三个指标。根据表 5 – 16 因子方差贡献率的分析结果可知，因子 1 的方差贡献率为 63.847%，特征值为 1.915，因子 2 的方差贡

献率为 20.965%，特征值为 0.629。这两个指标共同解释了方差的
84.812%（超过 80%），所以，我们取前两个因子作为第一主成分
和第二主成分。

表 5 – 15　　　　　　　　　　公因子方差

变量	初始	提取
Z_{44}	1.000	0.719
Z_{55}	1.000	0.870
Z_{66}	1.000	0.955

注：提取方法：主成分分析法。

表 5 – 16　　　　　　　　　　因子方差贡献率

因子	初始特征值			提取平方和载入			旋转平方和载入		
	合计	方差百分比(%)	累计百分比(%)	合计	方差百分比(%)	累计百分比(%)	合计	方差百分比(%)	累计百分比(%)
1	1.915	63.847	63.847	1.915	63.847	63.847	1.402	46.745	46.745
2	0.629	20.965	84.812	0.629	20.965	84.812	1.142	38.067	84.812
3	0.456	15.188	100.000						

注：提取方法：主成分分析法。

由图 5 – 3 可以看出，因子数为 2 时，特征值的变化曲线趋于平
缓，所以，由碎石图也可大致确定出主成分个数为 2。与按累计贡
献率确定的主成分个数是一致的。

如表 5 – 17 所示，第一个因子在变量 Z_{44} 和 Z_{55} 上有最大载荷，
相关系数分别为 0.843 和 0.791，第二个因子在 Z_{66} 上有最大载荷，
相关系数为 0.614。可以得出：变量 Z_{44} 和 Z_{55} 主要由第一主成分解
释，Z_{66} 主要由第二主成分解释。

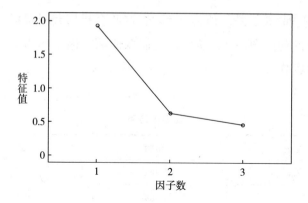

图 5 – 3　碎石图

表 5 – 17　　　　　　　　　　　因子载荷矩阵

变量	因子	
	1	2
Z_{44}	0.843	− 0.090
Z_{55}	0.791	− 0.494
Z_{66}	0.760	0.614

注：提取方法：主成分分析法。a. 已提取了两个成分。

　　旋转后得到结果如表 5 – 18 所示，因子 1 在变量 Z_{44} 和 Z_{55} 有最大载荷分别为 0.711 和 0.926，因子 2 在 Z_{66} 上有最大载荷为 0.956。可将因子 1 命名为 F_{Y21}，将因子 2 命名为 F_{Y22}。

表 5 – 18　　　　　　　　　　　旋转因子矩阵

变量	因子	
	1	2
Z_{55}	0.926	0.116
Z_{44}	0.711	0.463
Z_{66}	0.202	0.956

注：提取方法：主成分分析法。旋转法：具有 Kaiser 标准化的正交旋转法。a. 旋转在 3 次迭代后收敛。

第三，因子的得分。因子得分系数矩阵如表 5 - 19 所示。

表 5 - 19　　　　　　　　　　　　因子得分系数矩阵

变量	因子	
	1	2
Z_{44}	0. 431	0. 168
Z_{55}	0. 817	- 0. 348
Z_{66}	- 0. 308	1. 007

注：提取方法：主成分分析法。旋转法：具有 Kaiser 标准化的正交旋转法。

得到各个因子表达式为：

$$F_{Y21} = 0. 431 \times Z_{44} + 0. 817 \times Z_{55} - 0. 308 \times Z_{66}$$

$$F_{Y22} = 0. 168 \times Z_{44} - 0. 348 \times Z_{55} + 1. 007 \times Z_{66}$$

对前两个因子的方差贡献率（63. 847%，20. 965%）进行归一化处理得到（75. 28%，24. 72%），以每个因子的方差贡献率为权数，得到能源系统指数为：

$$Y_2 = 75. 28\% \times F_{Y21} + 24. 72\% \times F_{Y22}$$

得到因子得分及社会经济支持力指数如表 5 - 20 所示。

表 5 - 20　　　　　　　　　社会经济支持力指数

省份	F_{Y21}	F_{Y22}	Y_2
山西	0. 69853	0. 05891	0. 54042
安徽	0. 95361	0. 32513	0. 79825
江西	0. 63420	0. 45594	0. 59013
河南	0. 57943	0. 89972	0. 65861
湖北	0. 98030	0. 55585	0. 87538
湖南	0. 74447	0. 81900	0. 76289

得到中部地区社会经济支持力指数如图 5 - 4 所示。

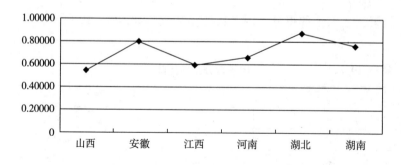

图 5 – 4   中部地区社会经济支持力指数

从图 5 – 4 可知，湖北省社会经济支持力指数最高，其后是湖南省、安徽省、河南省、江西省，最低的是山西省。表明中部地区 6 个省份中，湖北省社会经济条件最能支撑生猪的规模养殖，而山西省的支撑力度最弱。

第四节   中部地区环境污染承受力指数测度

一   环境污染承受力指标计算及标准化

计算得出中部六省自然资源供给力指标对应的标准化值 Z_{77}、Z_{88}、Z_{99}，具体结果如表 5 – 21 所示。

表 5 – 21　　　中部环境污染承受力指标计算及标准化

省份	单位化肥施用量 无量纲处理值（Z_{77}）	生猪养猪密度 无量纲处理值（Z_{88}）	工业废水排放量 无量纲处理值（Z_{99}）
山西	1.00	1.00	1.00
安徽	0.51	0.23	0.58
江西	0.63	0.26	0.54
河南	0.33	0.14	0.32
湖北	0.46	0.21	0.51
湖南	0.49	0.17	0.54

二　环境污染承受力指标描述性分析

表 5 – 22 给出了环境污染承受力指标的描述统计量，由表 5 – 21 和表 5 – 22 中数据可知，单位化肥施用量标准差较大，样本较离散，单位化肥施用量最少的为山西省，最多的为河南省，最大值为最小值的 3 倍以上。六个省中河南省和湖北省单位化肥施用量超出了平均水平；生猪养殖密度标准差较大，样本较离散，养殖密度最大的为河南省，最小的为山西省，且密度差异较大，最大值为最小值的 7 倍以上。除山西省以外的五个省份的养殖密度都超出了平均水平；工业废水排放量标准差较大，样本离散程度较高，最大值为河南省，最小值为山西省，最大值为最小值的 3 倍以上，差距较大。除山西省以外的五个省份的工业废水排放量都超出了平均水平。

表 5 – 22　　　　　　　　　　　描述统计量

变量	样本	极小值	极大值	均值	标准差
Z_{77}	6	0.00	1.00	0.4883	0.33066
Z_{88}	6	0.14	1.00	0.3350	0.32856
Z_{99}	6	0.32	1.00	0.5817	0.22454
有效样本（列表状态）	6				

三　环境污染承受力指数的计算

第一，分析环境污染承受力各指标的相关性，并进行适用性检验，判断是否适用因子分析方法。

由表 5 – 23 可知，三个原始变量之间存在相关性，且最大相关性达到 0.944，进一步说明原始标量适合做因子分析。

表 5 – 23　　　　　　　　　　原始变量的相关矩阵

	变量	Z_{77}	Z_{88}	Z_{99}
相关性	Z_{77}	1.000	0.814	0.732
	Z_{88}	0.814	1.000	0.944
	Z_{99}	0.732	0.944	1.000

第二，因子的提取和命名。表 5 - 23 给出了该次分析从每个原始变量中提取的信息。由表 5 - 24 数据可以看出，公因子包含各个原始变量 97% 以上的信息。

表 5 - 24　　　　　　　　　公因子方差

变量	初始	提取
Z_{77}	1.000	0.999
Z_{88}	1.000	0.974
Z_{99}	1.000	0.983

注：提取方法：主成分分析法。

提取因子后因子方差的值均很高，表明提取的因子能很好地描述这三个指标。根据表 5 - 25 因子方差贡献率的分析结果可知，因子 1 的方差贡献率为 88.797%，特征值为 2.664；因子 2 的方差贡献率为 9.693%，特征值为 0.291。这两个指标共同解释了方差的 98.490%（超过 80%），所以，我们取前两个公因子作为第一主成分和第二主成分。

表 5 - 25　　　　　　　　　因子方差贡献率

成分	初始特征值			提取平方和载入			旋转平方和载入		
	合计	方差百分比(%)	累计百分比(%)	合计	方差百分比(%)	累计百分比(%)	合计	方差百分比(%)	累计百分比(%)
1	2.664	88.797	88.797	2.664	88.797	88.797	1.730	57.678	57.678
2	0.291	9.693	98.490	0.291	9.693	98.490	1.224	40.812	98.490
3	0.045	1.510	100.000						

注：提取方法：主成分分析法。

由图 5 - 5 也可看出，因子数为 2 时，特征值的变化曲线趋于平缓，所以，由碎石图也可大致确定出主成分个数为 2。与按累计贡献率确定的主成分个数是一致的。

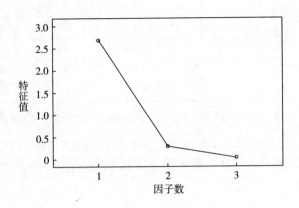

图 5 - 5　碎石图

如表 5 - 26 所示，第一个因子在变量 Z_{88} 和 Z_{99} 上有最大载荷，相关系数分别为 0.978 和 0.950，第二个因子在 Z_{77} 上有最大载荷，相关系数为 0.441。可以得出：变量 Z_{88} 和 Z_{99} 主要由第一主成分解释，Z_{77} 主要由第二主成分解释。

表 5 - 26　　　　　　　　　　　因子矩阵

变量	因子	
	1	2
Z_{88}	0.978	- 0.129
Z_{99}	0.950	- 0.283
Z_{77}	0.897	0.441

注：提取方法：主成分分析法。a. 已提取了两个因子。

下面做因子旋转后的因子载荷阵：

旋转后得到的结果如表 5 - 27 所示，因子 1 在变量 Z_{88} 和 Z_{99} 有最大载荷分别为 0.843 和 0.917，因子 2 在 Z_{77} 上有最大载荷为 0.906。可将因子 1 命名为 F_{Y31}，将因子 2 命名为 F_{Y32}。

表5-27   旋转因子矩阵

变量	因子	
	1	2
Z_{99}	0.917	0.376
Z_{88}	0.843	0.513
Z_{77}	0.422	0.906

注：提取方法：主成分分析法。旋转法：具有 Kaiser 标准化的正交旋转法。

第三，因子的得分。因子得分系数矩阵如表5-28所示。

表5-28   因子得分系数矩阵

变量	因子	
	1	2
Z_{77}	-0.688	1.391
Z_{88}	0.565	-0.116
Z_{99}	0.888	-0.534

得到各个因子表达式为：

$$F_{Y31} = -0.688 \times Z_{77} + 0.565 \times Z_{88} + 0.888 \times Z_{99}$$

$$F_{Y32} = 1.391 \times Z_{77} - 0.116 \times Z_{88} - 0.534 \times Z_{99}$$

对前两个因子的方差贡献率（88.797%，9.693%）进行归一化处理得到（90.16%，9.84%），以每个因子的方差贡献率为权数，得到环境污染承受力指数公式为：

$$Y_3 = 90.16\% \times F_{Y31} + 9.84\% \times F_{Y32}$$

得到因子得分及环境污染承受力指数如表5-29所示。

表5-29   环境污染承受力指数

省份	F_{Y31}	F_{Y32}	Y_3
山西	0.76500	0.74100	0.76264

续表

省份	F_{Y31}	F_{Y32}	Y_3
安徽	0.29411	0.37301	0.30187
江西	0.19298	0.55781	0.22888
河南	0.13622	0.27191	0.14957
湖北	0.25505	0.34316	0.26372
湖南	0.23845	0.37351	0.25174

得到中部六省环境污染承受力指数如图 5 - 6 所示。

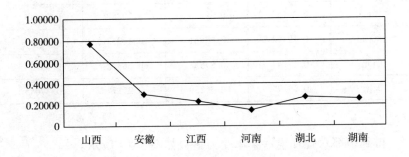

图 5 - 6　中部六省环境污染承受力指数

如图 5 - 6 所示，山西省的环境污染承受力指数最高，其后为江西省、安徽省、湖南省、湖北省，指数最低的为河南省，且山西省环境污染承受力指数超过河南省的 4 倍，且远远高出其他省的水平，说明山西省对生猪规模养殖产生的污染的承受力远远超出其他省份；相反，河南省的承受力最低。

第五节　中部地区生猪规模养殖环境
污染承载力综合水平测度

下面我们用层次分析法来综合分析生猪规模养殖的承受力。按照上文分析中国生猪规模养殖环境污染承载力综合水平测度采用的权重以及判断矩阵，得到中部六省生猪规模养殖环境承载力综合指数为 $X = 0.4 \times Y_1 + 0.2 \times Y_2 + 0.4 \times Y_3$，进而得到中部六省生猪规模养殖环境承载力指数如表 5 - 30 所示。

表 5 - 30　　　　　　　生猪规模养殖环境承载力指数

省份	Y_1	Y_2	Y_3	X
山西	- 0.01995	0.54042	0.76264	0.40516
安徽	0.21281	0.79825	0.30187	0.36552
江西	0.39152	0.59013	0.22888	0.36619
河南	0.19494	0.65861	0.14957	0.26953
湖北	0.17744	0.87538	0.26372	0.35154
湖南	0.29295	0.76289	0.25174	0.37045

得到中部六省环境污染承受力指数如图 5 - 7 所示。

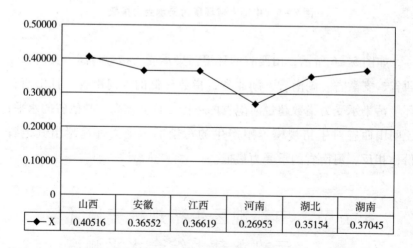

	山西	安徽	江西	河南	湖北	湖南
X	0.40516	0.36552	0.36619	0.26953	0.35154	0.37045

图 5 - 7　　中部六省生猪规模养殖环境承载力指数折线

如图 5 - 7 所示，山西省的环境承载力指数最高，其后是湖南省、江西省、湖北省、安徽省，指数最低的为河南省。说明我国中部地区六个省中，山西省从自然资源、社会经济条件环境污染承受力三个方面来看，对生猪规模养殖的综合承载力最高，而河南省的综合承载力最低。

第六章　生猪大规模养殖环境
承载力评价研究

　　第四章和第五章对我国及中部地区生猪规模养殖环境承载力进行了研究，并得到了一定的成果。本章在原有生猪规模养殖环境承载力研究的基础之上对指标体系进行进一步优化，对我国大规模生猪养殖的环境承载力进行研究。

第一节　研究背景

　　习近平总书记在党的十九大报告中强调："农业农村农民问题是关系国计民生的根本性问题，必须始终把解决好'三农'问题作为全党工作重中之重。""三农"问题仍是我党和国家当前乃至今后很长一个时期内的重要工作重点。生猪产业既是我国农业的重要产业，也是农民致富的重要领域。推动生猪产业发展，对于我国"乡村振兴"战略的实施有着重要的意义。随着经济社会的发展，规模化养殖逐渐成为禽畜养殖的发展主流，而生猪养殖业同样也在向规模化养殖方式转变，但是，养殖规模的扩大也给养殖地区带来了猪粪尿液污染、养殖场废水污染及病死猪丢弃带来的水体污染等一系列环境问题，这对我国"加快生态文明体制改革，建设美丽中国"产生了极大的阻碍。

　　许多学者对于生猪养殖带来的环境污染及其影响都进行了详细研究。吴林海等在环境污染治理成本内部化的条件之下进行了适度生猪养殖规模的研究，得出了环境污染治理成本内部化时最佳的生猪养殖规模。孔丹斌等基于规模视角，运用 Logit 模型，分析了影响不同规模农户畜禽养殖污染无害化处理意愿的各种因素。王克俭等使用条件价值评估法，对规模化生猪养殖场对其污染防治的支付意愿进行了分析。左永彦等构建了考虑环境非期望产出的固定窗式参考集 FWML 指数，并在此基础上对 2004—2013 年环境约束下中国规模生猪养殖的全要素生产率进行实证研究。虞祎等采用调查结合实证的研究方法，对排污补贴、养殖户生产经营特征、环保需求特征对养殖户环保投资的作用进行验证。上述研究成果对于改善生猪养殖单位经营环境、降低生猪养殖的污染程度提供了较好的理论支撑和实践指导。

但是，现有研究较少对生猪规模养殖对养殖地区环境所产生的影响进行系统的评价，难以对生猪规模养殖废弃物处理提供更全面的指导。而环境承载力分析法可以在阈值的基础上将生猪规模养殖对环境的累积影响进行真实的度量，并将其结果以系统的观点进行表达。利用环境承载力分析法对行业发展带来的环境问题进行研究，得到了国内外诸多学者的认可。比如，Witten、Shaleen、Singha 等，Furuya 等，曾维华等，杨静等利用环境承载力分析法，分别对自然资源和建造资源问题、工业系统环境、水产业环境、区域规划环境影响、海岸带环境进行了研究与分析，并取得成果。

本章从我国生猪大规模养殖发展迅速及污染集中的现实情况出发，综合运用随机前沿分析法、理论分析法、频度分析法和专家咨询法，建立了中国生猪大规模养殖环境承载力综合评价指标体系，并将因子分析法和层次分析法进行有效结合，对 2008—2015 年我国生猪大规模养殖环境承载力综合指数进行了测度。以期为我国生猪规模养殖废弃物处理和养殖环境改善的进一步研究提供支撑，增强我国生猪规模养殖的可持续发展能力。

第二节　研究方法

一　随机前沿分析

随机前沿分析法（SFA 方法），是由 Meeusen 和 Broeck，Aign-er、Lovell 和 Schmidt、Battese 和 Collie 等提出，能够通过估计生产函数对个体的生产过程进行描述，从而使对技术效率的估计得到了控制。根据 SFA 方法的原理，其基本模型可以表示为：

$$y = f(x, \beta) \cdot \exp(v + \mu)$$

式中，y 表示产出，x 表示矢量投入，B 表示待定的矢量参数，β 表示待估参数，v 表示影响技术效率的随机因素，μ 表示影响生产的管理无效率。

在对我国大规模生猪养殖技术效率进行充分考虑的基础上，本章拟利用 Battese 和 Coelli SFA 模型展开研究。Battese 和 Coelli SFA 模型的基本原理是：

$$In(y_{it}) = \beta_0 + \sum_{n}^{\beta} \ln_{nit} + v_{it} - u_{it} \tag{6.1}$$

$$TE_{it} = \exp(-u_{it}) \tag{6.2}$$

$$u_{it} = \beta(t) u_i \tag{6.3}$$

$$\beta(t) = \exp\{-\eta(t - T)\} \tag{6.4}$$

$$\gamma = \frac{\sigma_u^2}{\sigma_v^2 + \sigma_u^2} \tag{6.5}$$

式中，i 表示个体的序号；t 表示时期序号；β_0 表示截距项；β_n 表示一组待估计的矢量参数；在式（6.3）中，$TE = \exp(-u_{it})$ 表示样本中第 i 个个体在第 t 时期内的技术效率水平；η、γ 表示待估计参数。

根据 Battese 和 Coelli（1992）模型的基本原理，我们运用对数型柯布—道格拉斯生产函数及在我国各省份大规模生猪养殖数据的基础上，对我国大规模生猪规模养殖的技术效率水平进行测定。这样，式（6.4）便演变成为式（6.6）。

$$\ln(y_{it}) = \beta_0 + \beta_1\ln(L_{it}) + \beta_2\ln(K_{it}) + \beta_3\ln(S_{it}) + v_{it} - \mu_{it} \qquad (6.6)$$

式中，y_{it} 表示第 i 省份第 t 年大规模生猪养殖的主产品产量；L_{it} 为第 i 省份第 t 年大规模生猪养殖用工数量；K_{it} 为第 i 省份第 t 年大规模生猪养殖人工成本；S_{it} 为第 i 省份第 t 年大规模生猪养殖物质与服务费用；β_1、β_2、β_3 为待估计参数；μ_{it} 表示影响第 i 省份第 t 年大规模生猪养殖的随机因素；v_{it} 表示影响第 i 省份第 t 年大规模生猪养殖的管理无效率。

二　因子分析法

因子分析法通过分析事件的内在关系，抓住主要矛盾，找出主要因素，使多变量的复杂问题变得易于研究和分析。因子变量并不是原有变量的简单取舍，而是对原始变量的重新组构，它们能够反映原有众多指标的绝大部分信息，不会产生重要信息的丢失问题。

三　层次分析法

层次分析法是由美国学者萨蒂（T. L. Saty）提出的关于非结构化决策问题的建模技术方法，具有系统性、灵活性、实用性特点，是有效的定性与定量相结合、主观与客观相结合的决策方法。

第三节　生猪大规模养殖环境承载力的内涵

传统意义上的承载力是指一物体在对自身及周边环境不产生任何破坏时所能承受的最大载荷。国内诸多学者都对禽畜环境承载力的概念进行了研究。如李金滟、盛巧玲、王永瑜、宋福忠等。以上诸位学者的研究中所包含的对环境承载力进行的论述比较适合将禽畜养殖所依赖的自然资源状况、禽畜养殖所需要社会经济发展所带来的支撑及养殖地区环境污染承受能力进行有效的结合，对本章进行生猪环境承载力定义及评价指标体系的建立具有一定的借鉴意义。本章在对前人研究成果及我国生猪大规模养殖发展迅速及污染集中的现实进行充分考量之后，将生猪大规模养殖环境承载力定义为：在一定条件下，在能够维持人类生活和环境质量的要求下，某一区域对生猪大规模养殖这一经济活动的支持能力。

第四节　指标筛选方法

生猪养殖是一个涉及诸多领域的非线性复杂系统，因此，本章采用多指标综合评价分析方法，将与生猪养殖相关的不同方面、不同性质信息进行数学变换和处理，将这些相关的数据信息变换成具备评价功能的综合量值，并以此综合量值数据进行研究对象的量化评价。由于影响生猪养殖环境承载力的因素众多，本章在基于对现有文献的参考基础上，遵循服务性、科学性、全面性、可比性等原则，进行生猪养殖环境承载力综合评价指标体系的建立。首先，本章采取系统法与目标法相结合的方法，将生猪养殖环境承载力按其系统学方向进行分类，逐个系统按目标法定出具体指标。其次，在此基础上，将专家咨询法、理论分析法、频度分析法结合，对具体指标进行进一步的分析、比较，选择出针对性较强的指标。最后，进行专家咨询，对少数数据不全的指标进行替换。

第五节　生猪大规模养殖环境承载力
纵向综合评价指标体系

一　生猪大规模养殖环境承载力纵向综合评价指标体系构建

生猪养殖作为一项基于自然资源支撑下进行的活动，其存在的基础便是各种自然资源（水、空气等）的供应，对生猪规模养殖而言，自然资源的支撑对于产业的发展和污染物的消纳是必不可少的。生猪规模养殖的主要目的是满足人类对物质的需求，只有人类对生猪产品需求量不断加大，生猪规模养殖才能得到足够的发展动力，才有足够的资金投入生猪养殖污染处理技术及清洁养殖技术的研究与推广之中，从而降低生猪养殖活动对环境造成的污染。由此看来，对生猪规模养殖进行环境承载力研究，不能仅从环境方面考虑，还需要对影响生猪养殖环境承载力的自然资源、社会经济与技术、环境污染等状况进行综合考量。因此，在中国生猪规模养殖环境承载力综合评价指标体系建立过程中，本章从国内养殖实际出发，创造性地将反映现阶段中国自然环境所能提供的资源量对生猪规模养殖污染物所能进行消纳程度的指标、反映现阶段中国社会经济发展状况对生猪规模养殖所能提供资金支持的指标、反映生猪规模养殖技术效率及技术投入的指标、反映中国现阶段已有生猪规模养殖单位污染物产生状况的指标综合纳入了基于自然—经济技术—环境（NETE）的指标体系之中。具体纵向综合评价指标体系如表 6 – 1 所示。

表 6 – 1　中国生猪大规模养殖环境承载力纵向综合评价指标体系

目标层	准则层	指标层	指标含义	主要数据来源	指标类型
中国生猪养殖环境承载力纵向综合指数（A）	自然资源供给力（B_1）	玉米总产量（万吨）（C_1）	玉米是优质的猪饲料，本章利用玉米总产量表示各年度所能提供的猪饲料总量	《中国统计年鉴》	正向
		水资源总量（亿立方米）（C_2）	生猪养殖离不开水的供应，故此本章以水资源总量代表各年度所能为生猪养殖提供的水资源	《中国统计年鉴》	正向
		人均耕地用地面积（C_1 公顷/人）（C_3）	生猪养殖是基于土地而开展的活动，本章以人均耕地表示各年度能为生猪养殖提供的土地资源	《中国统计年鉴》	正向
	经济与技术支持力（B_2）	人均生产总值（元/头）（C_4）	人均生产总值一定程度上代表经济发展水平	《全国农产品成本收益资料汇编》	正向
		生猪养殖净利润（元/头）（C_5）	每头生猪养殖之后所能提供的净利润，是维持养殖企业持续经营的保障	《全国农产品成本收益资料汇编》	正向

目标层	准则层	指标层	指标含义	主要数据来源	指标类型
中国生猪养殖环境承载力纵向综合指数（A）	经济与技术支持力（B₂）	城镇农村猪肉消费总量（千克）（C₆）	表示城镇及农村对猪肉的需求量，猪肉只有被消费才能为养殖机构提供利润，促使新一轮生产的展开	《中国统计年鉴》	正向
		生猪养殖技术效率（C₇）	生产技术效率的研究能够反映出技术力量在我国生猪养殖中得以发挥的程度，折射出技术更新应用对推动生猪养殖发展的有效程度	SFA测度，主要数据来自《全国农产品成本收益资料汇编》	正向
		工业企业研发经费支出占国内生产总值比例（C₈）	表示该年度个国家对科学研究的投入力度	《中国统计年鉴》	正向
	污染承受力（B₃）	单位面积化肥施用量（吨/公顷）（C₉）	本章以单位面积化肥用量表示各省土地污染情况，该指标越高表示该地区土地污染越重	《中国统计年鉴》	逆向
		工业废水排放量（万吨）（C₁₀）	本章以废水排放量表示各省环境水资源污染程度，废水排放量越高表示该地区水污染越严重	《中国统计年鉴》	逆向
		生猪养殖密度（头/平方千米）（C₁₁）	生猪养殖密度越大，生猪养殖造成的污染越严重	《中国统计年鉴》	逆向

二　环境承载力纵向综合评价

考虑到中国生猪大规模养殖环境承载力综合评价指标体系的复杂性，本章采取随机前沿分析方法对我国各省份生猪养殖技术效率进行测度，之后利用因子分析法和层次分析法相结合的方法对我国2008—2015年生猪大规模养殖有关数据及随机前沿分析测度所得的技术效率进行评价。

（一）SFA 技术效率测度

1. 数据来源

本章选取我国北京、天津等 29 个省份作为样本，基础数据来源于《全国农产品成本收益资料汇编》的各省份 2008—2015 年大规模生猪养殖的数据输入，以每头生猪的主产品产量为产出指标，以用工数量（天/头）、人工成本（元/头）、物质与服务费用（元/头）为投入指标，具体数据见附录。用工天数是指养殖时每头生猪所耗费的工时；人工成本是指养殖时每头生猪所消耗人工带来的成本；物质与服务费用是指养殖时每头猪所耗用的仔畜费、饲料费、燃料动力费等费用的综合。这些指标对于准确、客观地反映生猪养殖的成本情况十分重要。每头生猪的主产品产量是衡量生猪养殖能力的重要指标，代表一个养殖单位的最终养殖成果。

2. SFA 参数分析

本章利用 Coelli 给出的随机前沿分析软件 Frontier 4.1 软件及 2008—2015 年我国各省份大规模生猪养殖的基础数据进行技术效率测度，得出表 6 - 2 中国各省份生猪养殖技术效率值。

表 6 - 2　　　　　　　中国各省份生猪养殖技术效率值

省份	2008 年	2009 年	2010 年	2011 年	2012 年	2013 年	2014 年	2015 年	均值
北京	0.8106	0.8157	0.8206	0.8254	0.8301	0.8347	0.8391	0.8435	0.8275
天津	0.8588	0.8626	0.8663	0.8699	0.8734	0.8768	0.8801	0.8833	0.8714
河北	0.8098	0.8149	0.8199	0.8247	0.8294	0.8340	0.8385	0.8428	0.8268
山西	0.8517	0.8557	0.8596	0.8634	0.8670	0.8706	0.8741	0.8775	0.8650
内蒙古	0.9592	0.9603	0.9613	0.9624	0.9634	0.9644	0.9653	0.9663	0.9628
辽宁	0.8777	0.8810	0.8842	0.8873	0.8903	0.8933	0.8961	0.8989	0.8886
吉林	0.9323	0.9341	0.9359	0.9376	0.9393	0.9409	0.9425	0.9440	0.9383
黑龙江	0.8213	0.8261	0.8308	0.8353	0.8397	0.8440	0.8482	0.8523	0.8372
上海	0.8318	0.8363	0.8407	0.8450	0.8491	0.8532	0.8571	0.8610	0.8468
江苏	0.7942	0.7997	0.8051	0.8103	0.8154	0.8204	0.8252	0.8299	0.8125
浙江	0.8914	0.8943	0.8972	0.8999	0.9026	0.9053	0.9078	0.9103	0.9011

续表

省份	2008 年	2009 年	2010 年	2011 年	2012 年	2013 年	2014 年	2015 年	均值
安徽	0.8903	0.8932	0.8961	0.8989	0.9016	0.9042	0.9068	0.9093	0.9000
福建	0.8530	0.8570	0.8608	0.8646	0.8682	0.8717	0.8752	0.8785	0.8661
江西	0.9323	0.9341	0.9359	0.9376	0.9393	0.9409	0.9425	0.9441	0.9384
山东	0.8589	0.8627	0.8664	0.8700	0.8735	0.8769	0.8802	0.8834	0.8715
河南	0.8590	0.8628	0.8665	0.8701	0.8736	0.8770	0.8803	0.8835	0.8716
湖北	0.8763	0.8796	0.8829	0.8860	0.8891	0.8921	0.8950	0.8978	0.8874
湖南	0.9026	0.9052	0.9077	0.9102	0.9126	0.9150	0.9173	0.9195	0.9113
广东	0.8071	0.8123	0.8174	0.8223	0.8271	0.8317	0.8362	0.8406	0.8243
广西	0.8849	0.8880	0.8910	0.8940	0.8968	0.8996	0.9023	0.9049	0.8952
海南	0.8080	0.8132	0.8182	0.8231	0.8279	0.8325	0.8370	0.8414	0.8252
重庆	0.8521	0.8561	0.8600	0.8637	0.8674	0.8709	0.8744	0.8778	0.8653
四川	0.8805	0.8837	0.8868	0.8899	0.8928	0.8957	0.8985	0.9012	0.8911
贵州	0.9563	0.9575	0.9586	0.9597	0.9608	0.9619	0.9629	0.9639	0.9602
云南	0.9523	0.9535	0.9548	0.9560	0.9572	0.9583	0.9595	0.9606	0.9565
陕西	0.8653	0.8689	0.8725	0.8759	0.8792	0.8825	0.8856	0.8887	0.8773
甘肃	0.8040	0.8093	0.8144	0.8194	0.8242	0.8290	0.8335	0.8380	0.8215
青海	0.7950	0.8005	0.8059	0.8111	0.8162	0.8211	0.8259	0.8306	0.8133
新疆	0.8174	0.8223	0.8271	0.8317	0.8363	0.8407	0.8449	0.8491	0.8337
均值	0.8632	0.8669	0.8705	0.8740	0.8774	0.8807	0.8839	0.8870	0.8754

如表 6-2 所示，从横向来看，2008—2015 年，内蒙古自治区生猪养殖技术效率值最高达到了 0.9628，其次是贵州省、云南省、吉林省的生猪养殖技术效率分别 0.9602、0.9565、0.9383。从纵向来看，2008—2015 年，我国生猪养殖技术效率值在不断提升，说明技术在养殖中所发挥的作用越发重要。

（二）准则层指数测度

1. 指标层指标数据处理

本章利用因子分析和层次分析相结合的方法，在从《中国统计年鉴》和《全国农产品成本收益资料汇编》获得的数据以及上文所

表6-3　中国大规模生猪养殖环境承载力纵向综合评价原始数据

年份	人均耕地面积（千公顷/万人）	玉米产量（万吨）	水资源总量（亿立方米）	人均生产总值（元/头）	生猪养殖净利润（元/头）	城镇农村猪肉消费总量（万吨）	技术效率	工业企业研发经费支出（万元）	单位面积化肥施用量（吨/公顷）	工业废水排放总量（亿吨）	生猪规模养殖密度（头/平方千米）
2008	0.92	16591.4	27434.3	24121	286.89	2098.45	0.8632	0.0084	0.43	241.7	63.56
2009	1.01	16397.4	24180.2	26222	118.665	2280.73	0.8669	0.0092	0.40	234.4	67.23
2010	1.01	17724.5	30906.4	30876	127.785	2352.87	0.8705	0.0097	0.41	237.5	69.47
2011	1.00	19278.1	23256.7	36403	437.57	2368.47	0.8740	0.0122	0.42	230.9	69.09
2012	1.00	20561.4	29526.9	40007	92.135	2433.86	0.8774	0.0133	0.43	221.6	72.70
2013	0.99	21848.9	27957.9	43852	51.43	2694.02	0.8807	0.0140	0.44	209.8	74.54
2014	0.99	21564.6	27266.9	47203	-71.1	2746.08	0.8839	0.0144	0.44	205.3	76.57
2015	0.98	22463.2	27962.6	49992	160.785	2773.05	0.8870	0.0146	0.45	199.5	73.78

表 6-4　指标层指标无量纲化处理后数据

变量	C_1	C_2	C_3	C_4	C_5	C_6	C_7	C_8	C_9	C_{10}	C_{11}
2008年	0.9034	0.7386	0.8877	0.8877	0.6556	0.7567	0.9732	0.5745	0.9274	0.8254	1.0000
2009年	1.0000	0.7300	0.7824	0.7824	0.2712	0.8225	0.9774	0.6298	1.0000	0.8511	0.9454
2010年	0.9944	0.7890	1.0000	1.0000	0.2920	0.8485	0.9814	0.6655	0.9709	0.8400	0.9150
2011年	0.9839	0.8582	0.7525	0.7525	1.0000	0.8541	0.9853	0.8386	0.9464	0.8640	0.9199
2012年	0.9840	0.9153	0.9554	0.9554	0.2106	0.8777	0.9891	0.9122	0.9241	0.9003	0.8743
2013年	0.9791	0.9727	0.9046	0.9046	0.1175	0.9715	0.9929	0.9566	0.9127	0.9509	0.8527
2014年	0.9733	0.9600	0.8822	0.8822	-0.1625	0.9903	0.9965	0.9837	0.8992	0.9717	0.8300
2015年	0.9680	1.0000	0.9048	0.9048	0.3674	1.0000	1.0000	1.0000	0.8948	1.0000	0.8615

测得各年度大规模生猪养殖技术效率值的基础上对我国2008—2015年的中国生猪养殖环境承载力综合评价指标体系进行评价，具体数据见表6-3。在进行因子分析之前，我们需要对投入指标进行无量纲处理以消除量纲不同所带来的影响，本章通过以下公式进行对投入因子分析的数据进行无量纲处理。得出表6-4数据。

$$x_{ij} = \begin{cases} \dfrac{x_{ij} - x_{j\min}}{x_{j\max} - x_{j\min}}（正向指标） & (6.7) \\[3mm] \dfrac{x_{j\max} - x_{ij}}{x_{j\max} - x_{j\min}}（反向指标） & (6.8) \end{cases}$$

2. 指标指数测度

首先对自然资源供给力进行分析，通过相关系数矩阵以及 KMO 和 Bartlett 球形度检验对自然资源供给力指标进行因子分析适用性检验，根据 SPSS 软件的运行得出前两个因子的方差贡献率41.822%和35.478%。两个最大的特征值共同解释了方差的77.300%（超过75%），因此，我们取前两个因子作为第一主成分和第二主成分，得到因子得分系数矩阵，如表6-5所示。

表6-5　　　　　　　　　　　因子得分系数矩阵

因子	C_1	C_2	C_3
1	-0.106	0.542	0.727
2	0.829	0.388	-0.255

由表6-5可以得到各个因子表达式：

$$F_{B11} = -0.106 \times C_1 + 0.542 \times C_2 + 0.727 \times C_3 \qquad (6.9)$$
$$F_{B12} = 0.829 \times C_1 + 0.388 \times C_2 - 0.255 \times C_3 \qquad (6.10)$$

在对前两个因子的方差贡献率（41.822%，35.478%）进行归一化处理之后得（54.103%，45.897%），以每一个因子的方差贡献率作为权数，可以得到自然资源供给力指数：

$$B_1 = 54.10\% \times F_{B11} + 45.90\% \times F_{B12}$$

$$= 0.541 \times (-0.106 \times C_1 + 0.542 \times C_2 + 0.727 \times C_3) +$$

$$0.459 \times (0.829 \times C_1 + 0.388 \times C_2 - 0.255 \times C_3) \quad (6.11)$$

相似地,我们根据以上方法对影响我国生猪养殖环境承载力综合评价指数的经济技术支持力指数 B_2、污染承受力指数 B_3 见表 6 - 6。

$$B_2 = 73.58\% \times F_{B21} + 26.42\% \times F_{B22}$$

$$= 0.736 \times (0.103 \times C_4 - 0.201 \times C_5 + 0.295 \times C_6 + 0.293 \times C_7 +$$

$$0.282 \times C_8) + 0.264 \times (-0.72 \times C_4 + 0.458 \times C_5 +$$

$$0.136 \times C_6 + 0.185 \times C_7 + 0.256 \times C_8) \quad (6.12)$$

$$B_3 = F_{B41} = 0.344 \times C_9 - 0.389 \times C_{10} + 0.363 \times C_{11} \quad (6.13)$$

表 6 - 6   中国大规模生猪养殖环境承载力综合评价指数

年份	B_1	B_2	B_3	A
2008	0.8853	0.4877	0.3610	0.5961
2009	0.8833	0.5430	0.3561	0.6044
2010	0.9695	0.5350	0.3394	0.6306
2011	0.9303	0.5944	0.3234	0.6204
2012	1.0133	0.6196	0.2850	0.6432
2013	1.0248	0.6649	0.2536	0.6443
2014	1.0107	0.6881	0.2326	0.6349
2015	1.0341	0.6792	0.2315	0.6421

由表 6 - 6 可知,整个自然环境对生猪养殖的物质供给和消纳能力总体上在不断增强,有利于加强环境对养殖所产生污染物的消纳吸收;社会经济条件对生猪规模养殖的支持力在不断提升,有利于生猪规模养殖污染处理技术及清洁养殖技术的提高;整体上看,环境污染承受力指数的数值在不断下降,这表明局部地区养殖环境有所恶化,这主要是因为生猪养殖密度的不断扩大。

（三）环境承载力综合水平测度

层次分析法是一种非结构化决策问题的建模技术,具有系统性、灵活性、实用性特点。经过对中国生猪规模养殖环境承载力综合评价指标体系及其所构建的三个准则层子系统的综合考虑，本章运用层次分析法和专家评分法相结合的方法，对中国生猪规模养殖环境承载力综合指数进行进一步分析。同时为使所确定的权重更具有科学性和代表性，本章特邀请了50位从事过相关研究的专家进行权重评分，并对专家的建议进行了合理的采纳，在此基础之上，通过综合考量得到判断矩阵（见表6-7）。

表6-7　　　　　　　　　A—B判断矩阵

A	B_1	B_2	B_3
B_1	1	2	1
B_2	1/2	1	1/2
B_3	1	2	1

本章运用 Matlab 软件计算得到：λ_{max} = 3，W =（0.4000，0.2000，0.4000），CI = 0，CR = 0 < 0.1。由此可以看出，基于中国生猪规模养殖现实状况所建立的判断矩阵具有满意一致性，所确定的权数分配具有合理性。得到生猪规模养殖环境承载力综合指数，其计算公式如下：

$$A = 0.4 \times B_1 + 0.2 \times B_2 + 0.4 \times B_3$$
$$= 0.4 \times [0.541 \times (-0.106 \times C_1 + 0.542 \times C_2 + 0.727 \times C_3) +$$
$$0.459 \times (0.829 \times C_1 + 0.388 \times C_2 - 0.255 \times C_3)] + 0.2 \times$$
$$[0.736 \times (0.103 \times C_4 - 0.201 \times C_5 + 0.295 \times C_6 + 0.293 \times$$
$$C_7 + 0.282 \times C_8) + 0.264 \times (-0.72 \times C_4 + 0.458 \times C_5 +$$
$$0.136 \times C_6 + 0.185 \times C_7 + 0.256 \times C_8)] +$$
$$0.4 \times [0.344 \times C_9 - 0.389 \times C_{10} + 0.363 \times C_{11}] \quad (6.14)$$

由表6-6可以看出，虽然近年来我国生猪规模养殖密度越来越大，环境污染情况也越来越严重，但是，由于整个经济社会的快速发展和自然供给能力的提高，我国的生猪规模养殖环境承载力综合指数在持续上升。表明自然供给能力及经济技术支持能力的提升对环境能够进行有效反哺。

三 评价科学性分析

中国生猪大规模养殖环境承载力综合评价指标体系具有科学性。生猪大规模养殖环境承载力综合评价指标体系在参考现有研究文献的基础上充分考虑了中国生猪大规模养殖现实情况，从自然资源对生猪养殖环境供给、社会经济对生猪大规模养殖的技术支持及环境自身对生猪规模养殖污染的承受能力三个方面进行综合考虑，创造性地提出了基于自然—经济技术—环境（NETE）的指标体系。利用随机前沿分析方法，进行大规模生猪养殖技术效率测度。同时，本章在吸收前人成果中的优良指标的基础上，结合我国生猪规模养殖实际，通过专家咨询法对指标进行调整完善，以期能够科学、公正地进行环境承载力评价。

中国生猪大规模养殖环境承载力评价方法具有科学性。在建立科学指标体系的基础上，本章采用因子分析法和层次分析法，对中国生猪规模环境承载力进行评价；利用因子分析法，分析生猪规模养殖的内在关系，将生猪规模养殖这一多变量复杂问题变得更易于研究和分析，并通过层次分析法整理和综合专家的经验判断，将他们对生猪规模养殖环境承载力评价的咨询意见模型化、集中化和数量化。此外，为使所确定的权重更具有科学性和代表性，本章特邀请数十位专家进行探讨，认真汲取了专家的建议，进一步增强了评价方法的科学性。

四 研究结论与建议

本章创造性地将反映自然环境对生猪规模养殖所产生污染进行消纳的指标和反映社会经济技术对生猪规模养殖支持能力的指标以及反映生猪规模养殖污染物承受能力的指标进行综合，构建了基于自然—经济技术—环境（NETE）的中国生猪养殖环境承载力综合评价指标体系，对2008—2015年中国生猪养殖环境承载力指数进行了评价。结果显示：

我国自然资源与社会经济技术对于生猪养殖的供给水平不断提高，而环境污染承受力指数则不断降低。总体上看，生猪养殖环境承载力综合指数出现上升趋势；表明生猪大规模养殖的自然资源供给和消纳能力和经济社会支持能力及技术支撑能力的提升对生猪大规模养殖环境污染治理进行了有效反哺，提升了生猪大规模养殖环境承载综合能力。因此，在治理生猪养殖污染问题、提升生猪养殖环境承载力时，应当考虑各方面力量进行综合规划治理，发挥好资金的支持作用，利用好自然环境本身的污染消纳能力，同时着力提升清洁养殖技术与废弃物处理技术，构建经济效益与环境保护并重的生态生猪规模养殖系统。

第六节　生猪大规模养殖环境承载力横向综合评价

2016 年，农业部发布的《全国生猪生产发展规划（2016—2020年）》中明确指出，我国要调整生猪生产结构和区域布局。这其中，内蒙古与东北三省、西南地区被划分为潜力增长区。2017 年 2 月《中共中央、国务院关于深入推进农业供给侧结构性改革，加快培育农业农村发展新动能的若干意见》明确指出，要优化南方水网地区生猪养殖区域布局，引导产能向环境容量大的地区和玉米主产区转移。两份文件的出台，拉开了中国生猪养殖业战略性区划布局调整的序幕，即业界内所称的"南猪北上"。我国北方诸省份是否能够合理承接生猪规模养殖企业的转移？哪些省份更适合承接生猪规模养殖企业的转移？这都是生猪养殖业研究者必须解决的问题。

本节立足于我国的现实需求，基于生猪养殖业布局调整的现实需要及政策导向，从我国生猪规模养殖发展迅速及污染集中的现实情况出发，综合运用随机前沿分析法、理论分析法、频度分析法、专家咨询法，建立了中国生猪规模养殖环境承载力综合评价指标体系，并将因子分析法和层次分析法进行有效结合，对 2008—2015 年我国北方 14 个省份的生猪大规模养殖环境承载力综合指数进行了测度，以期为我国"南猪北上"的布局调整提供有效建议。

一　大规模生猪养殖环境承载力横向综合评价指标体系的构建

首先，生猪养殖作为一项基于自然资源支撑下进行的活动，其存在的基础便是各种自然资源（水、空气等）的供应，对生猪规模养殖而言，自然资源的支撑对于产业的发展和污染物的吸收消纳是必不可少的。

其次，生猪养殖作为一项经济活动，其目的是获取经济利润，这也是其进行持续生产的保障，只有人类对生猪产品需求量不断加大，生猪规模养殖才能得到足够的发展动力，才有足够的资金投入到生猪养殖污染处理技术及清洁养殖技术的研究与推广中，从而降低生猪养殖活动对环境造成的污染。

最后，由于我国逐渐摆脱以增加投入要素而带动增长的粗放型经营模式，技术要素在生猪养殖中所发挥的作用越来越重要，因此，技术指标也是生猪养殖环境承载力所需要考虑的重要因素。

由此看来，对生猪规模养殖进行环境承载力研究不能仅仅从环境方面考虑，还需要对影响生猪养殖环境承载力的自然资源、社会经济与技术、环境污染等状况进行综合考量。

因此，在中国生猪养殖环境承载力综合评价指标体系建立过程中，本章从国内养殖实际出发，创造性地将反映现阶段中国自然环境所能提供的资源量对生猪规模养殖污染物所能进行消纳程度的指标、反映现阶段生猪规模养殖经济利润和反映生猪养殖技术效率及技术投入的指标、反映中国现阶段已有生猪规模养殖单位污染物产生状况的指标综合纳入了基于自然—经济技术—环境（NETE）的指标体系之中，具体指标体系如表 6-8 所示。

二　北方大规模生猪养殖环境承载力综合评价

（一）SFA 技术效率测度

1. 数据来源

本章选取我国北方北京、天津、河北、山西、内蒙古、辽宁、吉林、黑龙江、山东、河南、陕西、甘肃、青海、新疆 14 个省份作为样本，基础数据来源于《全国农产品成本收益资料汇编》的北方

表6-8　中国生猪大规模养殖环境承载力横向综合评价指标体系

目标层	准则层	指标层	指标含义	主要数据来源	指标类型
中国生猪养殖环境承载力横向综合评价指数（A）	自然资源供给支撑力（B₁）	玉米产量（万吨）（C₁）	玉米是优质的猪饲料，故此本章利用玉米产量表示各省所能提供的猪饲料	《中国统计年鉴》	正向
		水资源总量（亿立方米）（C₂）	生猪养殖离不开水的供应，故此本章以各省水资源总量代表各省所能为生猪养殖提供的水资源	《中国统计年鉴》	正向
		人均农用地面积（C₁ 公顷/人）（C₃）	生猪养殖是基于土地而开展的活动，本章以人均农用地表示各省能为生猪养殖提供的土地资源	《中国统计年鉴》	正向
	经济与技术支持力（B₂）	生猪养殖净利润（元/头）（C₄）	每头生猪养殖之后所能提供的净利润，是维持养殖企业持续经营的保障	《全国农产品成本收益资料汇编》	正向
		生猪养殖技术效率（C₅）	生猪养殖生产技术效率的研究能够反映出技术力量在我国生猪养殖中得以发挥的程度，折射出技术更新应用对推动生猪养殖发展的有效程度	SFA方法测度所得，主要指标数据来自《全国农产品成本收益资料汇编》	正向
		工业企业研发经费支出占国内生产总值比例(C₆)	表示一个地区技术的投入力度	《中国统计年鉴》	正向
	环境污染承受力（B₃）	废水排放量（万吨）（逆向指标）（C₇）	本章以废水排放量表示各省环境水资源污染程度，废水排放量越高表示该地区水污染越严重	《中国统计年鉴》	逆向
		固体废弃物排放量（逆向指标）（C₈）	由各地区工业固体废弃物产生量和生活垃圾排放量构成，排放量越高表示该地区土地污染越严重	《中国统计年鉴》	逆向

地区 2008—2015 年大规模生猪养殖的数据输入，以每头生猪的主产品产量为产出指标，以用工数量（天/头）、人工成本（元/头）、物质与服务费用（元/头）为投入指标。具体数据参见附录。

2. 技术效率分析

本章利用随机前沿分析软件 Frontier 4.1 软件及 2008—2015 年我国北方地区大规模生猪养殖的基础数据进行技术效率测度，得出表 6-9 北方地区大规模生猪养殖技术效率值。

从横向来看，内蒙古自治区的大规模生猪养殖技术效率值最高达到了 0.9860，其次便是吉林省，其大规模生猪养殖技术效率达到了 0.9393，而同位于东北地区的辽宁省的养殖技术效率值为 0.9025，排第五位。这主要是由于内蒙古地区及东北地区有着广袤的土地与较为充分的饲料供应，故其物质与服务费用较低，且由于经济发展较为缓慢，因此该地区劳动力较为低廉。而北京市和我国西北地区的大规模生猪养殖技术效率值较低，其中北京市的大规模生猪养殖技术效率最低为 0.8541，其次是青海省，其大规模生猪养殖技术效率值为 0.8549。北京市大规模生猪养殖技术效率值低的原因主要是其经济发展水平高，各项投入成本较其他诸省份相比较高昂，而西北地区大规模生猪养殖技术效率值低则是由于西北地区多以牛羊养殖为主，缺乏充足的生猪饲料供应，且交通较为困难，各种投入的成本也较高。

从纵向来看，从 2008 年开始一直到 2015 年我国北方各省份的大规模生猪养殖技术效率值整体上在不断下降，这与我国北方各省份近年来劳动力成本、饲料价格等投入的不断提升这一社会现实情况相一致性。

（二）准则层指数测度

1. 指标层指标数据处理

本章利用因子分析和层次分析相结合的方法，在从《中国统计年鉴》和《全国农产品成本收益资料汇编》获得的数据以及上文所测得北方地区大规模生猪养殖技术效率值的基础上对我国 2008—

表 6-9

北方地区大规模生猪养殖技术效率值

省份	2008 年	2009 年	2010 年	2011 年	2012 年	2013 年	2014 年	2015 年	均值
北京	0.8772	0.8713	0.8650	0.8584	0.8515	0.8443	0.8367	0.8287	0.8541
天津	0.9192	0.9152	0.9111	0.9068	0.9022	0.8975	0.8925	0.8872	0.9040
河北	0.8946	0.8894	0.8840	0.8784	0.8725	0.8662	0.8597	0.8529	0.8747
山西	0.9180	0.9140	0.9098	0.9054	0.9007	0.8959	0.8908	0.8855	0.9025
内蒙古	0.9882	0.9876	0.9870	0.9864	0.9857	0.9850	0.9843	0.9835	0.9860
辽宁	0.9179	0.9139	0.9097	0.9053	0.9007	0.8959	0.8908	0.8855	0.9025
吉林	0.9489	0.9464	0.9438	0.9411	0.9382	0.9352	0.9320	0.9287	0.9393
黑龙江	0.8987	0.8928	0.8866	0.8801	0.8733	0.8661	0.8586	0.8508	0.8759
山东	0.9235	0.9198	0.9159	0.9117	0.9074	0.9029	0.8982	0.8932	0.9091
河南	0.9068	0.9023	0.8975	0.8925	0.8873	0.8818	0.8760	0.8700	0.8893
陕西	0.9067	0.9021	0.8974	0.8924	0.8871	0.8816	0.8758	0.8698	0.8891
甘肃	0.8799	0.8740	0.8679	0.8614	0.8547	0.8476	0.8402	0.8324	0.8573
青海	0.8779	0.8719	0.8657	0.8592	0.8523	0.8451	0.8375	0.8296	0.8549
新疆	0.8858	0.8802	0.8744	0.8682	0.8618	0.8551	0.8480	0.8406	0.8643
均值	0.9102	0.9058	0.9011	0.8962	0.8911	0.8857	0.8801	0.8742	0.8931

表 6-10　中国北方地区大规模生猪养殖环境承载力原始数据

省份	玉米产量（万吨）	水资源总量（亿立方米）	人均农用地面积（千公顷/万人）	净利润（元/头）	技术效率	研发经费支出占国内生产总值比例	固体废弃物排放量（万吨）	废水排放量（万吨）
北京	87.41	27.97	0.08	22.98	0.85	0.0094	1663.35	140407.09
天津	117.42	16.41	0.09	239.33	0.90	0.0181	1829.89	75701.39
河北	1955.83	159.99	0.26	276.14	0.87	0.0069	36127.14	282233.31
山西	993.55	101.23	0.44	223.49	0.90	0.0083	25133.54	126228.81
内蒙古	2045.55	517.72	4.61	289.14	0.99	0.0050	19992.02	96079.44
辽宁	1519.69	338.37	0.34	155.92	0.90	0.0221	24980.24	534476.60
吉林	2611.00	420.38	0.70	152.45	0.94	0.0049	5075.38	116797.40
黑龙江	3217.83	852.98	1.18	171.16	0.86	0.0065	6577.25	138082.26
山东	2234.49	299.88	0.16	192.29	0.91	0.0148	18142.32	459168.28
河南	2073.84	327.00	0.18	189.62	0.89	0.0071	14135.68	381775.83
陕西	685.64	405.44	0.55	179.76	0.89	0.0071	7659.61	128551.88
甘肃	1922.70	407.88	1.02	194.23	0.91	0.0095	15212.00	247645.06
青海	21.50	718.35	12.58	53.37	0.85	0.0034	8624.12	22085.06
新疆	524.56	910.74	7.47	147.64	0.86	0.0040	6162.10	89516.69

2015 年的北方地区大规模生猪养殖环境承载力进行评价，根据原始数据见表 6 – 10，得到表 6 – 11。

表 6 – 11　　　　　　　　指标层指标无量纲化处理后数据

省份	C_1	C_2	C_3	C_4	C_5	C_6	C_7	C_8
北京	0.0272	0.0307	0.0065	0.0795	0.8663	0.4241	1.0000	0.1573
天津	0.0365	0.0180	0.0069	0.8277	0.9168	0.8186	0.9090	0.2917
河北	0.6078	0.1757	0.0207	0.9551	0.8872	0.3137	0.0460	0.0783
山西	0.3088	0.1112	0.0349	0.7730	0.9153	0.3743	0.0662	0.1750
内蒙古	0.6357	0.5685	0.3667	1.0000	1.0000	0.2272	0.0832	0.2299
辽宁	0.4723	0.3715	0.0269	0.5393	0.9153	1.0000	0.0666	0.0413
吉林	0.8114	0.4616	0.0553	0.5273	0.9527	0.2214	0.3277	0.1891
黑龙江	1.0000	0.9366	0.0940	0.5920	0.8680	0.2924	0.2529	0.1599
山东	0.6944	0.3293	0.0130	0.6651	0.9220	0.6707	0.0917	0.0481
河南	0.6445	0.3591	0.0140	0.6558	0.9019	0.3221	0.1177	0.0578
陕西	0.2131	0.4452	0.0436	0.6217	0.9017	0.3227	0.2172	0.1718
甘肃	0.5975	0.4478	0.0810	0.6718	0.9221	0.4289	0.1093	0.0892
青海	0.0067	0.7888	1.0000	0.1846	0.8671	0.1530	0.1929	1.0000
新疆	0.1630	1.0000	0.5940	0.5106	0.8766	0.1801	0.2699	0.2467

2. 指标指数测度

首先对自然资源供给力进行分析，通过相关系数矩阵以及 KMO 和 Bartlett 球形度检验，对自然资源供给力指标进行因子分析适用性检验，根据 SPSS 软件的运行，得出前两个因子的方差贡献率 55.811% 和 39.865%。两个最大的特征值共同解释了方差的 95.676%（超过 80%），因此，我们取前两个因子作为第一主成分和第二主成分，得到因子得分系数矩阵，如表 6 – 12 所示。

表 6 - 12   因子得分系数矩阵

因子	C_1	C_2	C_3
1	0.059	0.590	0.511
2	0.810	0.276	-0.297

由表 6 - 12 可以得到各个因子表达式：

$$F_{B11} = 0.059 \times C_1 + 0.590 \times C_2 + 0.511 \times C_3 \tag{6.15}$$

$$F_{B12} = 0.810 \times C_1 + 0.276 \times C_2 - 0.297 \times C_3 \tag{6.16}$$

在对前两个因子的方差贡献率（55.811%，39.865%）进行归一化处理之后得到（58.333%，41.667%），以每一个因子的方差贡献率作为权数，可以得到自然资源供给力指数公式：

$$B_1 = 58.333\% \times F_{B11} + 41.667\% \times F_{B12} \tag{6.17}$$

将表 6 - 12 中的 C_1、C_2、C_3 的数据代入式（6.15）、式（6.16），得到 F_{B11}、F_{B12} 的值，再根据式（6.17）求得 B_1 即自然资源供给力指数。相似地，我们根据以上方法对影响我国北方大规模生猪养殖环境承载力综合评价指数的技术支持力各指标及环境污染承受力各指标进行因子分析，得到技术支持力指数和环境污染承受力指数，如表 6 - 13 所示。

表 6 - 13   中国北方大规模生猪养殖环境承载力

综合评价指标层指数

省份	B_1	B_2	B_3
北京	0.0253	0.4631	0.5091
天津	0.0230	0.8718	0.5415
河北	0.3103	0.7347	0.0610
山西	0.1720	0.7019	0.1208
内蒙古	0.5614	0.7589	0.1571
辽宁	0.3509	0.8333	0.0502
吉林	0.5234	0.5779	0.2396

续表

省份	B_1	B_2	B_3
黑龙江	0.8184	0.5958	0.1923
山东	0.4117	0.7673	0.0645
河南	0.4070	0.6393	0.0807
陕西	0.2913	0.6276	0.1834
甘肃	0.4420	0.6878	0.0937
青海	0.5390	0.4077	0.6113
新疆	0.6233	0.5325	0.2455

由表6－13可以看出，大规模生猪养殖自然资源支持力最强的是黑龙江省，其自然资源支持力指数达到了0.8184，最低的是天津市，自然资源支持力指数仅仅为0.0230；大规模生猪养殖经济技术支持力最强的是天津市，其生猪养殖经济技术支持力指数达到了0.8718，最低的是青海省，其生猪养殖经济技术支持力指数经济为0.4077；生猪养殖污染承受力最强的是青海省，污染承受力指数达到了0.6113，最差的是河北省，其污染承受力指数仅仅为0.0610。

（三）中国北方大规模生猪养殖环境承载力综合评价指数测度

经过对中国北方大规模生猪养殖环境承载力综合评价指标体系及其所构建的三个准则层子系统的综合考虑，本章运用层次分析和专家评分相结合的方法，对中国大规模生猪养殖环境承载力综合指数进行进一步分析。为使所确定的权重更具有科学性和代表性，本章特邀请了十数位从事过相关研究的专家进行权重评分，并对专家的建议进行了合理的采纳，在此基础之上，通过综合考量得到判断矩阵（见表6－14）。

本章运用 Matlab 软件计算得到：$\lambda_{max} = 3$，$W = (0.4000, 0.4000, 0.2000)$，$CI = 0$，$CR = 0 < 0.1$。由此可以看出，基于中国北方大规模生猪养殖现实状况所建立的判断矩阵具有满意一致性，所确定的权数分配具有合理性。得到中国北方大规模生猪养殖环境承载力综合评价指数公式：$A = 0.4 \times B_1 + 0.4 \times B_2 + 0.2 \times B_3$。根据

公式可求得中国北方大规模生猪养殖环境承载力综合评价指数,见表6-15。

表6-14 A—B 判断矩阵

A	B₁	B₂	B₃
B₁	1	1	2
B₂	1	1	2
B₃	1/2	1/2	1

表6-15 中国北方大规模生猪养殖环境承载力综合评价指数

省份	北京	天津	河北	山西	内蒙古	辽宁	吉林
指数	0.2972	0.4662	0.4302	0.3737	0.5595	0.4837	0.4884

省份	黑龙江	山东	河南	陕西	甘肃	青海	新疆
指数	0.6041	0.4845	0.4347	0.4042	0.4707	0.5009	0.5114

由表6-15可知,我国北方地区中位于东北地区的黑龙江省大规模生猪养殖环境承载力综合评价指数最高为0.6041,其次是内蒙古自治区,其大规模生猪养殖环境承载力综合评价指数为0.5595;北京市大规模生猪养殖环境承载力综合评价指数最低为0.2972,其次是山西省,其大规模生猪养殖环境承载力综合评价指数为0.3737。

三 研究结论与建议

首先,东北地区与内蒙古地区的大规模生猪养殖环境承载力高,具有较强的生猪养殖潜力;北京市的大规模生猪养殖环境承载力低,应当约束其生猪规模养殖的发展,这与生猪养殖业国家区域规划具有一致性。东北地区的黑龙江省大规模生猪养殖环境承载力综合评价指数最高。此外,辽宁省和吉林省的环境承载力综合评价指数也处于较优势地位,而内蒙古自治区的环境承载力综合评价指数则排在第二位。这主要是因为,东北地区与内蒙古自治区地广人稀，可以为大规模生猪养殖提供较多农业用地，而且东北地区与内蒙古东部地区水资源较为丰富且为我国主要的玉米产地，可以为大规模生猪养殖提供充足的水资源与饲料。

其次，东北地区与内蒙古自治区的大规模生猪养殖技术效率在北方地区处于较前的位置，且污染程度较低。在诸多原因综合下，东北地区与内蒙古自治区较北方其他地区更适合承接生猪规模养殖企业的转移。而北京市及周边地区由于自然资源缺乏，自然环境难以对生猪养殖产生的污染进行自我消纳，而且北京地区由于地价较贵难以为生猪养殖提供足够的土地资源，导致其生猪养殖环境承载力较低，生猪养殖业的发展受到约束。这与《全国生猪生产发展规划（2016—2020 年）》中明确表示将内蒙古与东北三省划分为生猪养殖潜力增长区以及将北京划为约束发展区的区划具有一致性。

东北地区与内蒙古地区等生猪养殖承接地政府部门应当为生猪规模养殖企业的转移制定好相关制度法规，既要重视企业转移所带来的经济效益，同时也要重视转移所带来的污染问题，保持好草原、森林、湿地的生态平衡；完善基础设施建设，保证转移而来的生猪养殖企业的水电供应，保证其与生猪产品消费地区有着便捷的交通。同时，重视与加强相关养殖人才培养，为养殖企业提供高素质人才，既解决企业的人才问题，也促进地区就业。

北京市与山西省等大规模生猪养殖环境承载力综合评价指数较低的省份应稳定现有生猪养殖规模，优化生猪养殖布局，加大生猪养殖技术及养殖废弃物处理技术的投入，以技术的发展来降低自然资源不足、物价过高等因素所造成的影响。

第七章　生猪规模养殖生态能源系统的动力机制

党的十六届五中全会明确提出，"大力普及农村沼气，发展适合农村特点的清洁能源"。近年来，我国农村沼气建设力度加大，发展较快。农村沼气建设把可再生能源技术和高效生态农业技术结合起来，对解决农户炊事用能，改善农民生产生活条件，促进农业结构调整和农民增收节支，巩固生态环境建设成果具有重要意义。

第一节　农村沼气工程建设的国家战略及政策法规

一　中央高度重视发展农村沼气

1958 年，毛泽东同志在武汉、安徽等地视察农村沼气时指出："沼气又能点灯，又能做饭，又能作肥料，要大力发展，要好好推广。"1980 年 7 月，邓小平同志在四川视察农村沼气时指出："发展沼气很好，是个方向，可以因地制宜解决农村能源问题，沼气发展要有一个规划，要有明确奋斗目标和方向。要抓科研，沼气池也要搞'三化'，即标准化、系列化、通用化，不这样不好管理，也保证不了质量""这是一件大好事，大家要重视一下"。1982 年 9 月，小平同志再次强调，"搞沼气还能改善环境卫生，提高肥效，可以解决农村大问题"。1991 年 3 月，江泽民同志在湖南考察农村沼气时指出："农村发展沼气很重要，一可以方便农民生活，二可以保护生态环境。"

2003 年，胡锦涛同志在江西赣州、河南梁园区、河北张家口分别考察、了解了农村沼气建设情况，并给予充分肯定。温家宝同志 2002 年 9 月批示："发展农村沼气，既有利于解决农民生活能源，又有利于保护生态环境，确实是一项很有意义、很有希望的公益设施建设。积极稳妥地推进这项工作，必须坚持科学规划、因地制宜，必须加强领导，建立合理的投资机制，发挥国家、集体、农民的积极作用，必须把发展农村沼气同农业结构调整特别是发展养殖业结合起来，同农村改厕、改水等社会事业结合起来，同退耕还林、保护生态结合起来。开展这项工作，要通过典型示范，总结经验，逐步推广。"

二　发展农村沼气的有关政策规定

《中共中央、国务院关于做好农业和农村工作的意见》（中发〔2003〕3 号）指出："农村中小型基础设施建设，对直接增加农民收入、改善农村生产生活条件效果显著，要加快发展。""国家农业基本建设投资和财政支农资金，要继续围绕节水灌溉、人畜饮水、乡村道路、农村沼气、农村水电、草场围栏'六小'工程，扩大投资规模，充实建设内容。要重点支持退耕还林地区发展农村沼气。"《中共中央、国务院关于促进农民增加收入若干政策的意见》（中发〔2004〕1 号）指出，农村沼气等"六小工程"，"对改善农民生产生活条件、带动农民就业、增加农民收入发挥着积极作用，要进一步增加投资规模，充实建设内容，扩大建设范围"。《中共中央、国务院关于进一步加强农村工作提高农业综合生产能力若干政策的意见》（中发〔2005〕1 号）要求："加快农村能源建设步伐，继续推进农村沼气建设。"《国务院关于做好建设节约型社会近期重点工作的通知》（国发〔2005〕21 号）文件要求："在农村大力发展户用沼气池和大中型畜禽养殖场沼气工程，推广省柴节煤灶。"党的十六届五中全会要求："大力普及农村沼气，积极发展适合农村特点的清洁能源。"《中共中央、国务院关于推进社会主义新农村建设的若干意见》（中发〔2006〕1 号）指出，要加快农村能源建设步伐，在适宜地区积极推广沼气。大幅度增加农村沼气建设投资规模，有条件的地方，要加快普及户用沼气，支持养殖场建设大中型沼气。以沼气池建设带动农村改圈、改厕、改厨。

三　发展农村沼气的相关法规

1993 年《中华人民共和国农业法》第五十四条规定："各级人民政府应当制订农业资源区划、农业环境保护规划和农村能源发展规划，组织农业生态环境治理。"

《中华人民共和国节约能源法》第七条规定："国家鼓励开发、利用新能源和可再生能源。"第五十九条规定："县级以上各级人民政府应当按照因地制宜、多能互补、综合利用、讲求效益的原则，加强农业和农村节能工作，增加对农业和农村节能技术、节能产品推广应用的资金投入。"

《中华人民共和国可再生能源法》第十八条规定："国家鼓励和支持农村地区的可再生能源开发利用。县级以上地方人民政府管理能源工作的部门会同有关部门，根据当地经济社会发展、生态保护和卫生综合治理需要等实际情况，制定农村地区可再生能源发展规划，因地制宜地推广应用沼气等生物质资源转化、户用太阳能、小型风能、小型水能等技术。县级以上人民政府应当对农村地区的可再生能源利用项目提供财政支持。"

《中华人民共和国退耕还林条例》第五十二条规定："地方各级人民政府应当根据实际情况加强沼气、小水电、太阳能、风能等农村能源建设，解决退耕还林者对能源的需求。"

第二节　农村沼气工程建设的动力机制

一　经济社会成长上限基模

（一）经济发展的能源制约基模

我国人口众多，人均资源不足。近年来，经济持续快速发展，能源消费增长很快，能源短缺将是一个长期的过程，成为我国经济可持续发展的"瓶颈"之一。随着农村经济的发展，农村对优质商品能源的需求量还将继续增加，农村地区能源供需矛盾也将更加突出。经济发展的能源制约基模大致如图 7-1 所示。

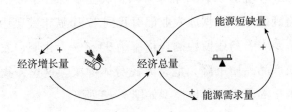

图 7-1　经济发展的能源制约基模

（二）农村经济社会成长上限基模

农村生活能源短缺，一方面制约着农村经济发展；另一方面导致了乱砍滥伐，农村生态不断遭到破坏。国家投入巨资实施退耕还林、退牧还草等生态建设工程，成效显著，但农村燃料和农民长远生计问题已成为巩固生态环境建设成果的重要制约因素，迫切需要解决农民"没有柴烧就砍树"的问题，为农民提供可替代的能源。农村经济社会成长上限基模大致如图 7-2 所示。

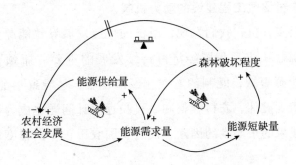

图 7-2　农村经济社会成长上限基模

（三）农业发展饮鸩止渴基模

我国化肥年施用量 4000 多万吨，单位面积施用量已超过世界平均水平，平均利用率不到 40%，低于世界平均水平；农药施用量近 130 万吨，不同程度地遭受农药污染的农田面积达到 1.36 亿亩。我国农业资源和环境的承载力十分有限，农业资源在不断消耗、农业环境不断遭到破坏。根据原农业部对我国 37 个城市蔬菜中农药残留的检测，蔬菜中农药残留检测合格率为 94.2%。化肥、农药的过量施用导致农产品品质下降，危害人民身体健康。这里，我们提出农业发展饮鸩止渴基模，具体模型如图 7 - 3 所示。

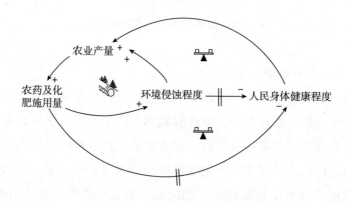

图 7 - 3　农业发展饮鸩止渴基模

二　农村沼气工程建设的动力机制

根据上文分析，我们发现，经济的快速发展导致能源消费增长很快，能源短缺成为我国经济可持续发展的重要"瓶颈"。同时，农村生活能源短缺，既制约着农村经济发展，又导致了乱砍滥伐，植被生态遭到破坏，农村燃料和农民长远生计问题也成为巩固生态环境建设成果的重要制约因素，而且我国农田正不同程度地遭受农药污染。

（一）农村沼气工程有助于消除经济发展的能源制约负反馈环制约

沼气是可再生的清洁能源，既可替代秸秆、薪柴等传统生物质能源，也可替代煤炭等商品能源，而且能源效率明显高于秸秆、薪柴、煤炭等。发展农村沼气，优化广大农村地区能源消费结构，是我国能源战略的重要组成部分，对增加优质能源供应、缓解国家能源压力具有重大的现实意义。农村沼气工程消除经济发展的能源制约负反馈环制约基模大致如图 7 - 4 所示。

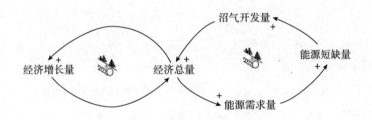

图 7 - 4　农村沼气工程消除经济发展的能源制约负反馈环制约基模

（二）农村沼气工程有助于消除农村经济社会发展负反馈环制约

　　农村沼气将人畜粪便等废弃物在沼气池中变废为宝，产生的沼气成为农民照明、做饭的燃料，为农村提供生活用能，解决了"没有柴烧就砍树"的问题。农村沼气建设涵养绿水青山，建设沼气的地区，山更绿，水更清，是保护生态环境的有效途径。农村沼气工程消除农村经济社会发展负反馈环制约基模大致如图 7 - 5 所示。

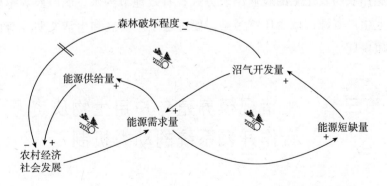

图 7 - 5　农村沼气工程消除农村经济社会发展负反馈环制约基模

（三）农村沼气工程有助于消除农业发展饮鸩止渴负反馈环制约

沼渣、沼液是一种优质高效的有机肥料，富含氮、磷、钾和有机质等，能改善微生态环境，促进土壤结构改良，可大量减少农药和化肥施用量，提高人民身体健康水平。农村沼气工程消除农业发展饮鸩止渴负反馈环制约基模大致如图7-6所示。

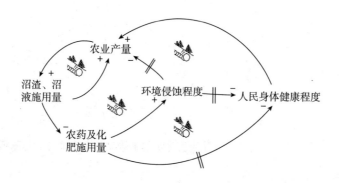

图7-6　农村沼气工程消除农业发展饮鸩止渴负反馈环制约基模

由图7-6可见，以沼气为纽带的农村循环经济的基本模式，通过利用粪便、秸秆生产沼气和有机肥，推进农业生产从主要依靠化肥向增施有机肥转变，推进农民生活用能从主要依靠秸秆、薪柴向高品位的沼气能源转变，从根本上改变了传统的粪便利用方式和过量施用农药及化肥的农业增长方式，有效地节约水、肥、药等重要农业生产资源，减少环境污染，促进了生产发展和生活文明及身体健康发展。

第三节　生猪规模养殖与户用生物质资源合作开发系统的动力机制

生猪规模养殖已经成为生猪养殖的主要模式，而生猪规模养殖的猪粪尿作为农村沼气工程发酵的主要原料，其沼气生产潜力巨大。2010 年，年出栏规模 50 头以上的规模养殖出栏数达 60250.4 万头，按"V（沼气年产量）= X（猪粪、尿）×TS（干物质产气率 257.3 立方米/吨）×A（干物率，猪粪为 18%，猪尿为 3%）"计算（每头生猪日排放猪粪 1.38 千克，猪尿 2.12 千克），得到 2010 年到生猪规模养殖（50 头以上）所排猪粪尿所产沼气量达 17654164915 立方米，以 1 立方米沼气标准煤当量 0.714 千克计算，2010 年生猪规模养殖废弃物所产沼气相当于 12605073.75 吨标准煤，可见生猪规模养殖废弃物沼气生产潜力巨大。这就为生猪规模养殖与户用生物质资源合作开发系统提供了现实条件。

通过生猪规模养殖环境承载力评价得出，生猪规模养殖的环境承载力不断下降，这就要求大力发展生猪规模养殖的同时，必须处理好生猪规模养殖排放的大量废弃物，因而生态生猪规模养殖成为一种必然选择。国家在生猪养殖废弃物污染防治方面出台了一系列的政策法规，但是，从总体上看，生猪养殖废弃物处理还存在以下三个问题：第一，在养殖业环境污染防治问题上，我国已经陆续出台了一些法规和管理规范，形成了较为完备的管理政策体系，但在畜禽养殖环境管理的政策制定和执行上，不同部门之间各自为政，缺乏协调，目标分离，脱节严重。第二，由于畜禽养殖是微利行业，而养殖废弃物的处理和利用需要相当大的投资，养殖经营者通常难以承受。第三，目前，对于环境工程技术、物质再利用技术和减量化技术的采用还缺少足够的政策支持。因此，我国生猪规模养殖废弃物处理还普遍存在废弃物处理率较低、资源化程度较低、废弃物处理技术较低的"三低"问题，从而得出生猪规模养殖环境污染系统动力学制约基模。

一 生猪规模养殖和户用沼气系统动力学制约基模

（一）生猪规模养殖环境污染系统动力学制约基模

正反馈环"养殖规模 $\xrightarrow{+}$ 政府支持力度 $\xrightarrow{+}$ 沼气建设规模 $\xrightarrow{+}$ 规模养殖效益 $\xrightarrow{+}$ 养殖规模"揭示：随着国家对生猪规模养

殖的支持力度的不断增大，规模养殖发展迅速。规模养殖企业利用
政府的支持政策，通过大中型沼气工程建设，不断扩大养殖规模，
出现了许多大型的养殖场和养殖小区，其作用效果表现为如图7-7
中所示的沼气工程效益增长正反馈环。负反馈环"养殖规模 $\xrightarrow{+}$ 猪
粪尿剩余量 $\xrightarrow{+}$ 环境污染程度 $\xrightarrow{+}$ 养殖规模"揭示：虽然通过沼
气工程的建设可以对部分养殖粪便进行无害化处理，但是，由于还
有大部分猪粪得不到有效无污染处理，加之养殖区域耕地的有限
性，养殖粪便无法完全就地消化，进而造成大量猪粪尿的过剩，使
养殖区域养分无法达到平衡，对规模养殖所处区域的水土污染严
重，进而形成了如图7-7所示的生猪规模养殖沼气原料过剩增长上
限的负反馈环。

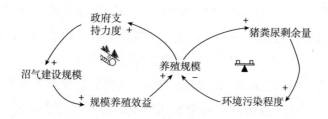

图7-7　生猪规模养殖沼气原料过剩增长上限基模

负反馈环"养殖规模 $\xrightarrow{+}$ 政府支持力度 $\xrightarrow{+}$ 沼气建设规
模 $\xrightarrow{+}$ 沼液沼气产生量 $\xrightarrow{+}$ 沼液沼气利用剩余量 $\xrightarrow{+}$ 环境污染程
度 $\xrightarrow{+}$ 规模养殖效益 $\xrightarrow{+}$ 养殖规模"揭示：通过大中型沼气工程
的建设，对生猪规模养殖产生的部分粪便进行厌氧发酵，降低了养
殖粪便直接排放污染的同时，也产生了大量的沼液和沼气，由于生
猪规模养殖企业对沼液和沼气利用能力不足，进而导致了沼液和沼
气的二次污染，形成了如图7-8中所示的生猪规模养殖沼气工程沼
液沼气二次污染增长上限的负反馈环。

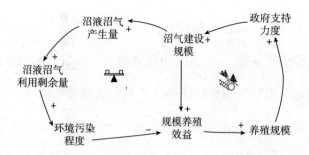

图7-8 生猪规模养殖大中型沼气工程沼液沼气二次污染增长上限基模

（二）户用沼气工程原料短缺和技术服务不足系统动力学制约基模

正反馈环"户用沼气建设规模 $\xrightarrow{+}$ 户用沼气效益 $\xrightarrow{+}$ 政府政绩 $\xrightarrow{+}$ 政府支持户用沼气力度 $\xrightarrow{+}$ 户用沼气建设规模"揭示：随着国家农村沼气建设政策支持的落地，农村户用生物质资源发展迅速。作为重要的民生工程，户用沼气工程的建设对提高农业生产效率和改善农民生活质量发挥了巨大作用，对发展农村庭院生态经济起到了积极的推进作用，促使农村户用生物质资源进一步发展，其作用效果表现为如图7-9中所示的户用沼气效益增长正反馈环。

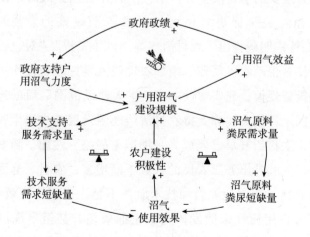

图7-9 户用沼气工程原料粪尿短缺和技术服务短缺增长上限基模

负反馈环"户用沼气建设规模 $\xrightarrow{+}$ 技术服务支持需求量 $\xrightarrow{+}$ 技术服务需求短缺量 $\xrightarrow{-}$ 沼气使用效果 $\xrightarrow{+}$ 农户建设积极性 $\xrightarrow{+}$ 户用沼气建设规模"和负反馈环"户用沼气建设规模 $\xrightarrow{+}$ 沼气原料粪尿需求量 $\xrightarrow{+}$ 沼气原料粪尿短缺量 $\xrightarrow{-}$ 沼气使用效果 $\xrightarrow{+}$ 农户建设积极性 $\xrightarrow{+}$ 户用沼气建设规模"揭示：一是随着外出务工农民的人数不断增多，农村家庭劳力吃紧而没有养猪，缺少沼气池原料；二是缺乏技术服务，大多数沼气农户没有掌握综合利用技术，户用沼气效益低下。在户用沼气建设扩大的同时，由于这些带有普遍性的问题使相当一部分的户用沼气未能发挥其真正的效益，甚至出现户用沼气池在短时间内废弃现象。其作用效果表现为如图7－9所示的户用沼气效益增长上限的负反馈环。

二 生猪规模养殖与户用生物质资源合作开发的动力机制

（一）生猪规模养殖与户用生物质资源合作开发系统

根据前文分析，随着生猪规模养殖企业数量和规模的进一步扩大，生猪规模养殖废弃物处理出现了污染以及二次污染问题。而户用沼气作为重要的生物质资源，沼气工程作为国家战略，在《中共中央、国务院关于促进农民增加收入若干政策的意见》（中发〔2004〕1号）明确指出，农村沼气等"六小工程""对改善农民生产生活条件、带动农民就业、增加农民收入发挥着积极作用，要进一步增加投资规模，充实建设内容，扩大建设范围"后的连续九年时间里，国家持续关注和支持农村清洁能源发展与户用生物质资源工程建设，农村沼气早已经成为一项国家战略。然而，随着户用沼气建设的扩大和外出务工农民的人数不断增多，农村家庭因劳力吃紧而没有养猪，沼气池原料和技术服务不足，户用沼气效益低下，相当一部分户用沼气未能发挥其真正的效益，甚至出现户用沼气池在短时间内废弃的现象。因此，生猪规模养殖废弃物处理的新问题恰恰为户用沼气开发提供了条件。一是生猪规模养殖企业可以为户用沼气提供养殖企业无法消纳的废弃物作为户用沼气池原料；而因原料短缺而闲置的户用沼气池又为生猪规模养殖不断增加的废弃物提供了处理的场所，扩大了生猪规模养殖废弃物处理的区域，增加了废弃物消纳能力。二是生猪规模养殖企业作为有组织的经济主体，其较好的经济效益和组织能力又为沼气服务体系的建设提供了条件。在生猪规模养殖企业和农户合作开发过程中，政府作为环境保护监督治理和民生改善的主体，既提供政策支持，又发挥环境监督治理和民生改善的主导作用，因此，这为生猪规模养殖企业与户用生物质资源合作开发模式的稳定运行提供了条件。

在生猪规模养殖与户用生物质资源合作开发模式中，生猪规模养殖企业通过该合作模式可以有效地对规模养殖产生的大量废弃物进行有效处理，减少农户和政府对规模养殖因废弃物污染环境的干预；同时，通过市场化运作可以对农户沼气所需的沼气原料猪粪进行市场定价，获取部分收益。对农户来讲，养殖企业提供的猪粪是其急需的户用生物质资源开发的原料；另外，通过和养殖企业及政府的合作，还可以解决沼气使用过程中的技术等问题，获得了沼气技术服务。对政府来讲，通过生猪规模养殖与户用生物质资源合作开发模式，能较好地解决生猪规模养殖废弃物污染问题，企业还可以不断发展壮大，经济增长得到了有效保障。此外，农户的利益也得到了提高，有效地落实了国家沼气工程的战略，保障了民生，政府政绩得到了提升。

生猪规模养殖与户用生物质资源合作发展的资源反馈综合开发利用问题处在一个复杂系统中，这个复杂系统是一个如图 7 - 10 所示的生猪规模养殖与户用生物质资源合作开发系统流，它由农户户用沼气工程、养殖业、种植业、环境、土地、资金、政府政策支持、沼气能源利用和技术服务支持等 12 个子系统组成。

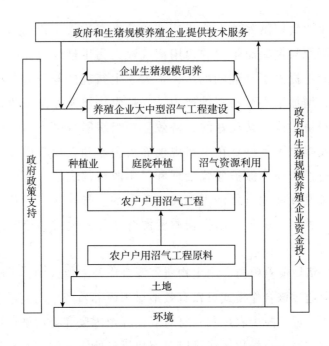

图7-10　生猪规模养殖与户用生物质资源合作开发系统流

（二）合作开发系统的动力机制

根据上文分析及合作开发系统流图和实际调研情况，一方面，生猪规模养殖在建设大中型沼气工程后仍旧存在大量的养殖粪尿沼气原料过剩，无法进行无害化处理，大中型沼气工程产生的大量有机肥沼液和高效能源沼气无法得到有效利用，对生态环境造成严重的威胁。另一方面，户用生物质资源开发出现沼气原料的短缺和技术服务的缺乏。导致这个矛盾的关键原因是在生猪规模养殖企业和户用生物质资源农户之间缺乏有效的合作发展，资源反馈开发利用模式。由于目前生猪规模养殖企业与户用生物质资源农户合作发展的不足，导致在规模养殖发展过程中，养殖企业与当地农户利益受损，政府环境保护目标实现面临挑战，严重影响了当地农村经济的发展与和谐社会建设。通过农村沼气建设的动力机制部分，我们发现，农村沼气工程也是解决我国生猪规模养殖废弃物处理还普遍存在废弃物处理率较低、资源化程度较低、废弃物处理技术较低的"三低"问题的有效途径。

同时，生猪规模养殖环境污染系统动力学制约基模反映的是生猪规模养殖环境污染制约系统，户用生物质资源开发原料短缺和技术服务不足反映的是户用生物质资源开发原料短缺和技术服务制约系统，下面我们将生猪规模养殖环境污染制约系统和户用生物质资源开发原料短缺与技术服务制约系统进行合并的合作开发系统基模如图 7 – 11 所示。

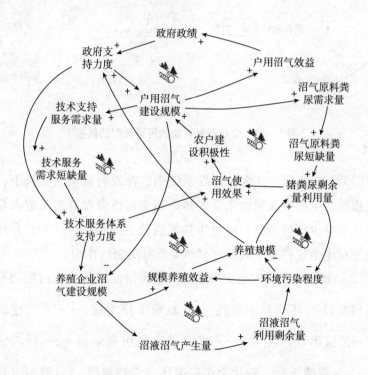

图 7 – 11　生猪规模养殖与户用生物质资源合作开发系统基模

从合作开发系统基模我们可知：

（1）原生猪规模养殖环境污染系统动力学制约基模负反馈环"养殖规模 $\xrightarrow{+}$ 猪粪尿剩余量 $\xrightarrow{+}$ 环境污染程度 $\xrightarrow{-}$ 养殖规模"

转化为正反馈环"养殖规模 $\xrightarrow{+}$ 政府支持力度 $\xrightarrow{+}$ 户用沼气建设规模 $\xrightarrow{+}$ 沼气原料粪尿需求量 $\xrightarrow{+}$ 沼气原料粪尿短缺量 $\xrightarrow{+}$ 猪粪尿剩余量利用量 $\xrightarrow{-}$ 环境污染程度 $\xrightarrow{-}$ 养殖规模",其转换演化过程如图 7 – 12 所示。

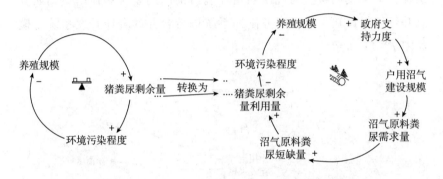

图 7 – 12   合作开发系统的污染反制约转换

图 7 – 12 显示：在合作开发系统中，在政府政策的支持下，养殖规模所产生的猪粪尿剩余量能被户用生物质资源开发工程大量吸收，从而减少环境污染，促进生猪规模养殖不断发展壮大；合作开发系统对生猪规模养殖粪尿过剩污染具有反制约作用。

（2）原生猪规模养殖大中型沼气工程沼液沼气二次污染增长上限基模负反馈环"养殖规模 $\xrightarrow{+}$ 政府支持力度 $\xrightarrow{+}$ 沼气建设规模 $\xrightarrow{+}$ 沼液沼气产生量 $\xrightarrow{+}$ 沼液沼气利用剩余量 $\xrightarrow{+}$ 环境污染程度 $\xrightarrow{-}$ 养殖规模"转化为正反馈环"养殖规模 $\xrightarrow{+}$ 政府支持力度 $\xrightarrow{+}$ 户用沼气建设规模 $\xrightarrow{-}$ 养殖企业沼气建设规模 $\xrightarrow{+}$ 沼液沼气产生量 $\xrightarrow{+}$ 沼液沼气利用剩余量 $\xrightarrow{+}$ 环境污染程度 $\xrightarrow{-}$ 养殖规模"，其转换演化过程如图7 – 13 所示。

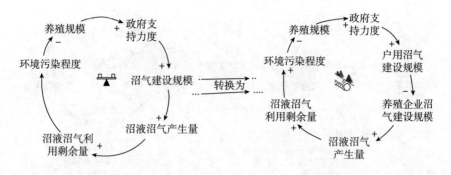

图 7 - 13　合作开发系统的二次污染反制约转换

图 7 - 13 显示：在合作开发系统中，在政府政策的支持下，户用生物质资源的开发分流了养殖企业沼气工程扩建的规模，从而减少了养殖企业沼气沼液利用剩余量，避免了生猪规模养殖沼气工程的二次污染；合作开发系统对养殖企业大中型沼气工程沼液沼气污染具有反制约作用。

（3）原户用生物质资源开发原料短缺和技术服务不足系统动力学制约基模负反馈环"户用沼气建设规模 $\xrightarrow{+}$ 技术服务支持需求量 $\xrightarrow{+}$ 技术服务需求短缺量 $\xrightarrow{-}$ 沼气使用效果 $\xrightarrow{+}$ 农户建设积极性 $\xrightarrow{-}$ 户用沼气建设规模"和负反馈环"户用沼气建设规模 $\xrightarrow{+}$ 沼气原料粪尿需求量 $\xrightarrow{+}$ 沼气原料粪尿短缺量 $\xrightarrow{-}$ 沼气使用效果 $\xrightarrow{+}$ 农户建设积极性 $\xrightarrow{-}$ 户用沼气建设规模"转化为正反馈环"户用沼气建设规模 $\xrightarrow{+}$ 技术服务支持需求量 $\xrightarrow{+}$ 技术服务需求短缺量 $\xrightarrow{+}$ 技术服务体系支持力度 $\xrightarrow{+}$ 沼气使用效果 $\xrightarrow{+}$ 农户建设积极性 $\xrightarrow{+}$ 户用沼气建设规模"和正反馈环"户用沼气建设规模 $\xrightarrow{+}$ 沼气原料粪尿需求量 $\xrightarrow{+}$ 沼气原料粪尿短缺量 $\xrightarrow{+}$ 猪粪尿剩余量利用量 $\xrightarrow{+}$ 沼气使用效果 $\xrightarrow{+}$ 农户建设积极性 $\xrightarrow{+}$ 户用沼气建设规模"，其转换演化过程如图 7 - 14 所示。

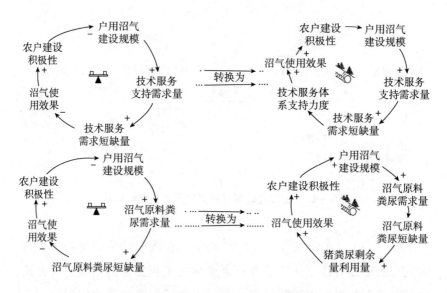

图 7 - 14　合作开发系统的户用沼气能源及技术短缺反制约转换

图 7 - 14 显示：在合作开发系统中，在政府获得政绩的同时，给予合作开发系统政策支持，生猪规模养殖企业在养殖不断增加的同时加大了沼气技术服务体系的建设力度，户用沼气工程存在的能源短缺和技术需求的两个普遍性问题得到了有效解决，促进了户用生物质资源利用效益的提升和不断开发；合作开发系统对户用生物质能源及技术短缺具有反制约作用。

综上所述，合作开发系统基模揭示生猪规模养殖与户用生物质资源合作开发，既缓解了生猪规模养殖污染，提高农户生产效益，增加农民收入；又实现了沼气工程改善农村生活质量的重要民生工程的战略目标。

第八章 生态能源系统的影响因素

第一节 研究背景

　　发展循环经济，是转变经济增长方式、建立节约型社会的有效措施，是实现"五位一体"战略布局、建设美丽中国的必然选择。加快推进农村户用沼气工程建设，推进"农业废弃物—绿色产品—再生资源"的循环工程建设，是发展生态循环农业的主要内容。2003—2015年，在国家投资带动下，经过各地共同努力，农村沼气发展进入了大发展、快发展的新阶段。截至2015年年底，全国户用沼气达到4193.3万户，受益人口达两亿（《全国农村沼气发展"十三五"规划》，2017年）。"十三五"期间，国家将进一步加大农村沼气投资力度，在现有基础上进一步提高户用沼气补贴标准，增强沼气的持续运作率。沼气作为一种可再生的清洁能源，既有助于解决农村生活能源短缺的问题，又能降低传统能源对生活环境的污染。然而，近年来，随着农村种养业的规模化发展，城镇化步伐的加快，农村生活用能的日益多元化、便捷化和低价化，农民对生态环保的要求更加迫切，农村沼气建设与发展的外部环境发生了很大变化。由于地方政府片面重视沼气工程建设，而忽视了沼气工程的后期管理，造成农村沼气工程存在农村户用沼气使用率普遍下降，农民需求意愿越来越小，废弃现象日益突出；中小型沼气工程存在整体运行不佳、多数亏损、长期可持续运营能力较低、闲置严重等问题。这些问题的产生影响了农村沼气工程的正常运转，造成诸多沼气工程形同虚设，无法持续为农民生产生活提供所需能源。黑龙江省技术监督局标准化处与标准化研究院曾对黑龙江农村户用沼气工程进行了一次深入细致的调查走访，调查结果显示，建成三年的沼气池90%以上报废停用；建成两年的，70%报废停用；当年建成的，50%报废停用。如何适应我国农村新的条件、形势变化，推动农村沼气工程的产业管理升级和保证沼气工程持续有效利用，是如今农村沼气工程所面临的重大挑战。

农村沼气问题一向是国内外专家研究的重点。如 Wang 等和 Bhattacharya 等提出了对沼气利用的效益、猪粪和沼液的肥料效益以及沼气减排效果进行综合考虑的开发模式；Chen 等提出了沼气工程的种养结合循环利用模式；Yan 等和 Weibull 等对沼气开发的生态经济效益进行了评价；何周蓉对农村户用沼气技术运用对农业系统流的影响展开了分析；金小琴对四川省农村户用沼气实施效果进行了调查，并基于调查提出了改进建议；石惠娴等对沼气发酵的热负荷特性展开了研究；王艺鹏等对 1995—2014 年中国农作物秸秆沼气化碳足迹进行了探讨。

在对影响沼气发展建设的各种因素的研究上，朱立志等对沼气的减排效果和农户采纳行为影响因素进行了分析，得出农户性别、年龄等用户个人因素对农户沼气采纳行为具有或正或负的影响。蔡亚庆等利用全国五省调研的实证数据，对我国农村户用沼气使用效率及其影响因素展开了研究沼气补贴政策、农户收入水平、家庭农业生产结构等政策与用户家庭背景因素会对沼气池的使用效率产生显著影响。范敏等基于江西省农村沼气能源发展现状，对江西省农村沼气能源产量影响因素建立逐步回归模型，分析得出生猪年末出栏数、技术服务人员数、生猪年末存栏数和政府补贴等对农村沼气能源产量影响较大。仇焕广等利用四省两期的调研数据，对我国农村生活能源消费现状、发展趋势和决定因素展开了分析，得出收入水平、劳动力成本、能源市场发育程度、户主受教育程度和非农就业经历、家庭人口结构特征等因素对农村生活能源消费具有重要影响。

以上文献对于农村沼气工程的发展有较积极的作用，一定程度上推动了我国农村沼气工程事业的发展。但是，现存研究对于我国新形势下各种因素对农村沼气工程运作的影响研究不足，同时，对于农村沼气工程现存的持续运作能力弱的问题较少涉猎，缺乏对引起户用沼气持续运作能力下降原因的深入分析，难以对农村沼气工程存在的现实性困难进行解决。为此，本章立足农村沼气工程使用的现实状况，在现有研究文献的基础上，结合新形势下政治、经济等各种因素对农村户用沼气持续运作产生的影响展开分析，找出新形势下影响农村沼气工程持续性运作的各种因素，以期为我国农村沼气有关政策调整提供决策参考，推动我国农村沼气工程的持续性发展。

第二节　数据来源和样本特征

一　数据来源

本章研究所用数据来自课题组 2017 年组织的"农村沼气工程现状调查"。调查区域为江西省 D 县。D 县地处江西省北部，该县着眼于循环经济和生态农业的可持续发展，推广实施"养殖—沼气—种植"三位一体生态农业循环经济模式，实现了生态环境与经济发展"双赢"，全县建沼气池近 1 万个，覆盖了 90% 的行政村。D 县沼气工程建设工作曾引起省市领导和联合国专家的关注和实地考察，具有一定的典型性和可调查性。近年来，随着农村社会的发展变化，D 县农村户用沼气工程持续运作能力不断下降，部分沼气工程停止使用，为了解引起沼气工程持续运作能力下降的原因，特组织此次调查。

在调查过程中，课题组采用实地调查、通信调查、访问调查等方式以进行农村户用沼气工程现状调查，以了解农村沼气工程用户最新的人口与家庭特征、沼气使用情况，同时探索新形势下政府、市场、沼气服务体系、政策等对农村沼气工程产生的影响。实地调查方式是为确保调查数据的真实，对大部分用户采取了实地上门访问的调查方法，具体采用的是在用户家中与用户进行谈话交流，并对相关信息进行记录，同时，对用户家中沼气工程进行实地查看与检验。对于家中过于偏远的部分用户以及外出务工不在家中的部分用户由于无法进行实地调查，故课题组通过其所留下的手机号码进行联络调查，以获得其相关信息。最后，对于不在家中同时也无法进行通信的部分用户，课题组则对服务其家中沼气工程的农业技术人员及其邻居进行询问以获得其相关信息。在 D 县当地农村沼气工程技术维修人员及群众的帮助与配合下，最终成功收集的分布于 D 县 20 余村落的 283 户农村沼气工程用户沼气使用情况。

二 样本数据的人口社会学特征

（一）家庭留守老人居多，缺乏劳动力

从年龄构成来看，沼气工程日常的使用者大部分为留守在乡村的老人，用户家中壮劳动力大多外出务工，难以为沼气系统维修和维护提供相应的劳动力，而留守乡村主要是为了从事农业生产或陪伴家人，此外，部分是因为年纪老迈或身有疾病而留守乡村。

（二）主要使用者文化程度较低

根据调查数据（见表 8-1）可知，D 县农村沼气工程用户普遍文化程度较低，94.4% 的用户受教育程度在高中教育以下，只有5.6% 的用户受过高中及以上教育。

（三）用户大部分为农民

从职业构成来看，87.3% 的用户职业为农民，5.3% 的用户从事个体经营，6.0% 的用户为乡镇企业职工，如乡村饭店、乡村纺织厂职工，1.4% 的用户为清洁工。

（四）家庭经济情况处于一般水平

从经济状况来看，19.8% 的用户家中处于贫困状态，需要政府及他人的支持才能维持日常家庭生活；66.1% 的用户家庭经济状况

处于一般水平，能够供应家庭日常开支；14.2%的用户家庭经济状况较好。

（五）用户家庭普遍修建猪栏并进行生猪养殖

从生猪养殖情况来看，67.5%的用户家中为沼气池提供充足原料，90.9%的用户家中修建了猪栏。且根据实际调查可知，大多数的用户家中现有猪栏可养殖生猪数量是超过现在所饲养的生猪数量，即大多数用户具有扩大生猪养殖的潜力。

表 8-1　　　　　　　　　　受访者的基本状况

受访用户基本情况		频数	百分比（%）	受访用户基本情况		频数	百分比（%）
户用沼气日常服务人口（农村留守人口）	1 人	17	6.0	沼气使用家庭经济状况	贫困	56	19.8
	2 人	75	26.50		一般	187	66.1
	3 人	45	15.9		较好	39	13.8
	4 人	50	17.4		很好	1	0.4
	5 人及以上	96	33.9	沼气主要使用者职业	农民	247	87.3
沼气主要使用者文化程度	小学及以下	161	56.9		个体经营	15	5.3
	初中	106	37.5		企业职工	17	6.0
	高中及中专	14	4.9		其他	4	1.4
	专科及以上	2	0.7	沼气使用家庭猪栏修建情况	无猪栏	26	9.2
沼气使用家庭生猪饲养情况	0 头	92	32.5		1—2 间	224	79.2
	1—2 头	155	54.8		3—5 间	28	9.9
	3—9 头	30	10.6		5 间以上	5	1.8
	10 头及以上	6	2.1				

第三节　农村沼气工程使用状况

一　农村沼气工程用户沼气使用情况

农村沼气工程的服务对象为农村留守农民，在了解农村沼气工程用户现实的个人背景与家庭状况的基础上，还需要了解用户对沼气的使用情况。农村沼气工程用户沼气使用情况调查数据见表8-2。从表8-2可知，在接受调查的283户用户中，97.2%的用户能够对农村户用沼气进行简单的利用，如观测沼气表数值，开关使用沼气煲、沼气灶；只有1.8%的用户有较深了解，不仅能够进行较为熟练操作，还能够进行简单的修理，从而增强农村沼气工程持续运作能力。此外，1.1%的用户在沼气工程使用方面存在困难，较容易加速沼气工程的损坏。在对沼气的评价方面，86.9%的用户认为，沼气使用较为方便，节省了砍柴生火或者更换天然气的时间；还有65.7%的用户评价沼气使用价格较低，初期的投入较为高昂，但是却得到了政府的大力补贴，而后续投入则远远低于天然气及煤炭等能源；61.5%的用户认为，沼气使用有环保的优点，降低了猪粪便等对环境的污染。在沼气的日常使用方面，98.2%的用户主要利用沼气进行烧水、做饭等食物烹饪工作；84.5%的用户利用沼气池发酵的沼肥进行种植业的灌溉施肥，且根据调查可知，沼肥在农业生产中有良好的表现。从使用持续性来看，由于D县建立了较为完善的沼气工程维护体系，83.8%的用户家中农村沼气工程仍在继续使用。此外，15.6%的用户虽然停止了使用，但是仍有使用意愿，只有极少数的用户自己停止了沼气工程的使用，转而使用其他能源。

表8-2　　　　　　　　农村沼气工程用户使用情况

受访用户情况		频数(人)	百分比(%)	受访用户情况		频数(人)	百分比(%)
沼气了解程度	十分了解	5	1.8	沼气优势评价	价格较低	186	65.7
	一般，会使用	275	97.2		环保	174	61.5
	不太了解	2	0.7		方便	246	86.9
	不了解	1	0.4		安全	7	2.5
沼气利用情况	食物	278	98.2	沼气持续使用状况	仍然在用	237	83.8
	照明	4	1.4		被迫停止使用	44	15.6
	沼肥	239	84.5		自己停止使用	2	0.7

二　农村沼气工程建设中存在的问题

在对沼气使用情况进行初步了解的基础上，还应当对沼气日常使用中所发生的问题进行调查，以真实地反映农村沼气工程使用的现实状况。根据调查可知，283 户调查用户中只有 15 户用户家中的沼气工程没有任何问题，可完全正常进行使用；其余用户中有 47 户用户家中沼气工程停止了使用；221 户用户家中沼气工程虽然能进行使用但是却存在各种问题。

由调查数据（见表 8-3）可知，58.0% 的用户家中的沼气池存在堵塞，需要进行清渣；30.3% 的用户家中沼气灶有所损坏；4.6% 的用户家中沼气表有所损坏；8.0% 的用户家中沼气煲有所损坏；4.6% 的用户沼气管道有所损坏；10.1% 的用户沼气系统损坏而被迫停止使用；6.1% 的用户因沼气原料投入不足而被迫停止使用。

表 8-3　　　　　　　　　　农村沼气工程损坏情况

主要问题	频数（户）	百分比（%）
沼气池存在堵塞	138	58.0
沼气灶有所损坏	72	30.3
沼气表损坏	11	4.6
沼气煲有所损坏	19	8.0
管道损坏	11	4.6
系统损坏	24	10.1
原料不足	16	6.1

三　农村沼气工程运作情况评估

为真实地反映农村沼气工程可持续运作情况，本章利用调查所得的统计数据，建立农村沼气工程设备完整状况评分系统，由于使用者主观使用意愿对于沼气设备的维护维修有重要的影响，当使用者有较高使用意愿时，会对其使用的沼气设备进行及时维护，因

此，农村沼气工程设备完整状况评分系统（见表8－4），不仅体现
了客观的沼气设备情况的好坏，还体现了使用者的主观使用意愿的
高低。一整套农村户用沼气工程主要包括发酵粪便、菜渣、草渣等
原料的沼气池、输送沼气到其他设备的管道系统、反映沼气量的沼
气表、用户用来进行烹饪工作的沼气灶、煲等。农村沼气工程设备
完整状况评分系统主要包括沼气池使用情况，沼气管道使用情况，
沼气灶、煲、表使用情况，投入原料状况。该系统满分为10分。其
中沼气池是整个沼气工程运转的基础，因此，沼气池的状况占分设
定为3分；沼气管道则负责将沼气池所产生沼气输送到其他设备，
因此，沼气管道系统占分设定为2分；沼气投入原料为整个工程运
转的动力占分设定为2分；沼气灶、煲作为用户直接使用的工具占
分设定为1.5分；沼气表作为反映剩余沼气量的工具占分设定为
1分。

表8－4　　　　　　农村沼气工程设备完整状况评分系统

沼气部分名称	沼气池	沼气管道	投入原料	沼气灶	沼气煲	沼气表	总分
分值	3	2	2	1.5	1.5	1	10

　　根据调查所得数据，在农村沼气工程实际运作过程中沼气工程
各部分都有损坏情况，因此，本章根据农村沼气工程设备完整状况
评分表中对各部分分值的设定与调查所取得的各用户家中农村沼气
工程损坏状况进行各用户农村沼气工程设备完整状况得分评定。设
可完全正常使用的农村沼气工程的设备完整状况得分为满分10分，
若用户家中沼气工程中一部分损坏则其设备完整状况得分则扣除相
应部分的分值，有两部分损坏则扣除两部分的分值，依次类推，得
出各用户农村沼气工程设备完整状况得分，若整个沼气工程完全停
止使用则其设备完整状况得分则为0分，最终调查得分情况如表8－
5所示。

表 8－5　　　　　　　　农村沼气工程设备完整状况得分

分数（分）	0	4.5	5	5.5	6	6.5	7	7.5	8	8.5	9	10
户数（户）	46	1	8	26	9	1	81	3	18	57	2	31

根据农村沼气工程设备完整状况得分表所反映的各用户家中沼气工程设备完整度与现实调查所了解的情况，本章发现，得分在 7 分及以上的用户家中的农村沼气工程实际运作情况较好，虽然部分设备发生了故障，但大部分用户每日仍使用沼气设备进行烧饭、煮水等家庭活动，且这部分用户表示对沼气工程设备进行了一定的维护，有继续使用下去的意愿，整体上看，这些沼气工程能够进行正常运作，具有持续运作能力；而得分在 7 分以下的用户家中的农村户用沼气工程，其中 49% 停止了运作，剩余部分沼气工程虽然没有完全停止运作，但用户反映使用较为困难，设备老化损坏严重，只能偶尔用来烧水，其用户表示有很大可能性停止沼气使用，转而使用其他能源。

根据以上调查与分析，本章将沼气工程设备完整状况得分在 7 分及以上的沼气工程划分为具有持续运作能力的沼气工程，这部分沼气工程不仅仅设备状况较好，而且实现了日常的正常运作；而得分在 7 分以下的沼气工程则划分为无持续运作能力的沼气工程。

第四节　新形势下农村沼气工程
运作过程出现的问题

随着农村社会的发展，农村的政治、经济形势已经发生了改变，诸多过去没有受到重视的问题对农村沼气工程的持续运作产生了重要的影响。在与农村沼气工程用户及当地沼气技术服务人员进行深入交谈之后，通过对其现实使用情况的分析，发现造成农村沼气工程持续运作能力下降的主要问题有以下五个方面。

（1）沼气产品质量下降。据用户反映，部分沼气灶、表、煲等产品安装后不过数月便出现损坏，质量存在较大问题，这是造成农村沼气工程持续运作能力下降的一个直接原因，是沼气设施供应市场问题的体现。

（2）沼气工程初期建设质量差。部分沼气工程修建后不过一个月便出现损坏，部分村落初期沼气工程损坏率高达86.7%，这极大地影响了农村沼气工程的持续使用，而造成该问题的一个重要因素便是地方政府片面地重视沼气工程的修建，而缺乏相应的监督。

（3）维修人员队伍建设不完善。部分修理维护人员工作态度差，在日常维修过程中，部分维护人员存在吃、拿、卡、要等行为，极大地降低了用户的使用意愿，同时引发了工程质量降低。此外，维修人员队伍缺乏足够的劳动力，大部分维修队伍只有一位技术人员，虽然可以对部分沼气问题进行解决，但是却难以承受沼气池清渣等高强度沼气维修工作。

（4）政府新农村政策与沼气工程产生冲突。因为新农村政策对道路的维修以及农村环境的维护而造成了沼气池的损坏以及生猪猪栏的拆除，这不仅造成了沼气工程的直接损坏，而且还降低了用户的使用意愿，使部分用户转向天然气、煤气等替代能源的使用。

（5）维修劳动力的欠缺。由于青壮年劳动力进城务工，留守乡村多为老人与小孩，家庭劳动力不足，使部分沼气工程问题难以及时解决，这是新形势下农村人口流动造成的影响。

以上问题是由数百位农村沼气工程的直接使用者以及当地有着数年从业经验的一线沼气维护服务人员所提出的，体现了农村沼气工程运作过程的现实状况。在确定以上问题之后，特对283户用户进行了新形势下出现的新问题对农村沼气工程运作的影响程度的调查，将不同问题对各户沼气工程运作的影响程度分成了没有影响、影响较小、影响较大和影响很大四种程度级数，以了解不同的问题对各户沼气运作产生的影响情况，统计数据见表8-6。

表8-6　　　　　　　新形势下影响农村沼气运作的问题

影响因素	程度	频数（户）	百分比（%）	影响因素	程度	频数（户）	百分比（%）
沼气工程装备质量问题对沼气运作的影响	没有影响	84	29.7	沼气施工质量问题对沼气运作的影响	没有影响	16	5.7
	影响较小	174	61.5		影响较小	250	88.3
	影响较大	22	7.8		影响较大	17	6.0
	影响很大	3	1.1		影响很大	0	0.0
沼气工作人员态度问题对沼气运作的影响	没有影响	69	24.4	政策冲突问题对沼气运作的影响	没有影响	3	1.1
	影响较小	207	73.1		影响较小	239	84.5
	影响较大	4	1.4		影响较大	25	8.8
	影响很大	3	1.1		影响很大	16	5.7
劳动力不足问题对沼气运作的影响	没有影响	60	21.2				
	影响较小	166	58.7				
	影响较大	92	32.5				
	影响很大	5	1.8				

第五节　农村沼气工程持续运作能力影响因素分析

一　影响因素假设

影响农村沼气工程运作的因素可以分为主观因素和客观因素两大类。其中，主观因素是指用户在使用农村沼气工程中所产生的主观体验感受，积极的主观感受会促使用户继续使用沼气，并自觉地对沼气工程进行维护，以提高其持续运转能力；客观因素是指影响沼气工程运转的客观物质因素，如家庭经济状况、沼气运转原料投入等，客观物质条件的不足会降低沼气工程持续运转能力，甚至导致沼气工程停止运作。本章在现有研究成果的基础上，结合新形势下农村社会因素对沼气运作的影响，将影响农村沼气工程运作的变量归结为用户个人和家庭特征、沼气日常使用情况、沼气运行新问题。

（1）用户个人和家庭特征变量。用户家庭留守人口数量影响着家庭能源的消耗量，留守人口越多，对沼气等能源的需求量就越大；用户家庭经济情况是家庭能源消费的基础，是能源选择的限制性因素；使用者文化程度影响其对沼气工程的操作与维护，文化程度越高，就越能正确地使用和维护沼气工程；沼气主要使用者的职业影响其选择能源时的思考方式；粪便入沼是农村牲畜粪便处理的重要方式，生猪饲养所产生的猪粪尿是农村沼气工程运转的主要投入原料，生猪饲养量越多，沼气工程运转原料越充足，沼气工程持续运转能力越强；猪栏修建量影响着生猪饲养量，猪栏修建得越多，生猪饲养潜力就越大。

（2）沼气使用情况变量。用户对沼气的了解程度会影响沼气工程运转的损耗，了解程度越高，沼气工程持续运转能力越强；用户对沼气的优势评价越多，显示其对沼气使用感受越好，越可能继续使用下去；如果用户将沼气利用在越多方面说明其家庭对沼气的依赖程度越高。

（3）新形势下影响沼气工程运作问题，是新形势下造成沼气工程持续运作能力下降的重要因素，问题越多越严重，沼气工程的持续运作能力越低。

根据上述分析，本章构建"农村沼气工程持续运转能力"模型时，选取了三类变量：一是用户家庭特征变量，包括用户家庭农村留守人数、家庭经济情况、主要使用者受教育程度、主要使用者职业、家庭生猪饲养量、家庭猪栏修建量；二是沼气使用情况变量，包括沼气知识了解程度、沼气优点认可数、沼气利用方式；三是新形势下影响沼气工程运作问题，包括沼气工程质量、沼气施工质量、维修人员服务态度、政策冲突、家庭劳动力问题等。变量定义与描述性统计详见表8-7。

表 8 – 7　　　　　　　　　　　变量定义与描述性统计

变量	变量解释与赋值	平均差	标准差
因变量			
农村沼气工程持续运作能力（Y）	虚拟变量：无持续运作能力 = 0；有持续运作能力 = 1	0.68	0.47
自变量			
用户家庭特征变量			
用户家庭农村留守人数（X_1）	虚拟变量：1 人 = 1；2 人 = 2；3 人 = 3；4 人 = 4；5 人及以上 = 5	3.47	1.35
家庭经济情况（X_2）	虚拟变量：贫困 = 1；一般 = 2；较好 = 3；很好 = 4	1.94	0.59
主要使用者受教育程度（X_3）	虚拟变量：小学及以下 = 1；初中 = 2；高中及中专 = 3；大专及以上 = 4	1.49	0.63
主要使用者职业（X_4）	虚拟变量：农民 = 1；个体经营 = 2；企业职工 = 3；其他 = 4	1.22	0.61
家庭生猪饲养数（X_5）	虚拟变量：没有饲养 = 1；1—2 头 = 2；3—9 头 = 3；10 头及以上 = 4	1.84	0.74
家庭猪栏修建数（X_6）	虚拟变量：无修建 = 1；1—2 间 = 2；3—5 间 = 3；5 间以上 = 4	2.04	0.47
沼气使用情况变量			
沼气知识了解程度（X_7）	虚拟变量：不太了解 = 1；一般 = 2；十分了解 = 3	1.99	0.16
沼气优点认可数（X_8）	虚拟变量：1 个 = 1；2 个 = 2；3 个 = 3；4 个 = 4	2.19	0.86
沼气利用方式（X_9）	虚拟变量：1 种 = 1；2 种 = 2；3 种 = 3	1.88	0.39
新形势下的影响沼气工程运作问题			
沼气工程质量（X_{10}）	虚拟变量：没有影响 = 1；影响较小 = 2；影响较大 = 3；影响很大 = 4	1.80	0.62
沼气施工质量（X_{11}）	虚拟变量：没有影响 = 1；影响较小 = 2；影响较大 = 3；影响很大 = 4	2.00	0.34
维修人员服务态度（X_{12}）	虚拟变量：没有影响 = 1；影响较小 = 2；影响较大 = 3；影响很大 = 4	1.79	0.51

变量	变量解释与赋值	平均差	标准差
政策冲突（X_{13}）	虚拟变量：没有影响 = 1；影响较小 = 2；影响较大 = 3；影响很大 = 4	2.19	0.54
家庭劳动力问题（X_{14}）	虚拟变量：没有影响 = 1；影响较小 = 2；影响较大 = 3；影响很大 = 4	2.29	0.62

注：沼气优势认可数是根据调查中用户对沼气优势的选择数所得，若用户选定一种优势，则优势认可数为 1 个；若用户选定两种优势，则优势认可数为两个。依次类推；沼气利用方式数的计量方法类似于沼气优势评价数。

二 分析方法

交叉分析法，是以表格的形式同时描述两个或多个变量的联合分布及其结果的统计分析方法。该方法能够反映只有有限分类或取值的离散变量的联合分布，具有易于理解，便于解释等特点。

Logistic 回归又称 Logistic 回归分析，是一种广义的线性回归分析模型，能够很好地满足对分类数据的建模需求，已经成为分类因变量的标准建模方法。二元 Logistic 回归分析是指因变量为二分类变量的回归分析。本章所要分析的因变量"农村沼气工程运作情况"是一个二分变量。因此，本章选用二元 Logistic 模型来分析影响"农村沼气工程运作情况"的因素，Logistic 模型采用以下公式来估计事情发生的概率：

$$P = \frac{1}{1 + e^{-y}}$$

$$= 1 + \left[1 + \exp\left(\beta_0 + \sum_{i=1}^{n} \beta_i X_i \right) \right] + e_i \tag{8.1}$$

式中，β_0 为截距项即回归方程的常数；e_i 为残差项；Y 是变量 X_1，X_2，$\cdots$，X_n 的线性组合：

$$Y = \beta_0 + \beta_1 X_1 + \beta_2 X_2 + \beta_3 X_3 + \cdots + \beta_n X_n + \varepsilon \tag{8.2}$$

将式（8.1）和式（8.2）进行变换，可得农村沼气工程具有持续运作能力的概率，即具有持续运作能力的农村沼气工程和不具有持续运作能力的农村沼气工程的概率之 $\frac{1}{1-P}$ 比，如式（8.3）所示：

$$\ln\left(\frac{1}{1-P}\right) = \beta_0 + \beta_1 X_1 + \beta_2 X_2 + \beta_3 X_3 + \cdots + \beta_n X_n + \varepsilon \qquad (8.3)$$

根据 Logistic 基本原理以及表 8 - 7 中对各影响因素的具体变量描述，可建立以下 Logistic 模型：

$$Y = \beta_0 + \beta_1 X_1 + \beta_2 X_2 + \beta_3 X_3 + \beta_4 X_4 + \beta_5 X_5 + \beta_6 X_6 + \beta_7 X_7 +$$
$$\beta_8 X_1 + \beta_9 X_1 + \varepsilon \qquad\qquad (8.4)$$

式中，Y 是农村沼气工程持续运作情况，β_n 是待估计系数，X_i 是自变量；ε 是随机扰动项。

三　农村沼气工程运作情况影响因素交叉分析

本章利用户家庭的留守人口、经济状况、沼气主要使用者的文化程度、职业、用户家庭生猪饲养数、家庭猪栏修建数、沼气知识了解程度、沼气优势评价、沼气产品质量问题、沼气施工质量问题、维修人员态度问题、政策冲突问题、家庭劳动力问题等 14 项影响因素对农村沼气工程运作情况进行交叉列表分析，以了解上文所选定的影响因素与农村沼气工程运作状况之间的关系，通过 SPSS. 19 计算得出表 8 - 8 结果。

根据表 8 - 8 结果，可得出以下结论：

（1）不同留守人口数、不同使用者职业、家庭劳动力问题、沼气知识了解度与农村沼气工程运作情况之间差异较小，相关关系不显著，表明留守人口数、使用者职业、家庭劳动力问题以及沼气知识了解度对农村沼气工程运作情况影响较小。

（2）不同家庭经济情况与农村沼气工程运作情况存在正相关关系，且该结果在 1% 的显著性水平下显著。经济情况较好的用户其沼气工程持续运转情况相对较好，可能是因为经济情况较好的用户有较多的资金利用到沼气工程的日常维护之上，从而提高了其持续运转能力。

（3）不同使用者文化程度与农村沼气工程持续运转情况存在正相关关系，且该结果在 5% 的显著性水平下显著。高中或专科文化程度的用户家中的沼气工程运作状况相对较好，这是由于其能更好

表8-8 农村沼气工程运作情况交叉分析结果

变量	类别	具有持续运作能力(%)	不具有持续运作能力(%)	Pearson	P值	变量	类别	具有持续运作能力(%)	不具有持续运作能力(%)	Pearson	P值
留守人口数	1人	41.2	58.8	4.446	0.349	沼气优势认可数	1个	38.7	61.3	7.924	0.048
	2人	22.7	77.3				2个	33.3	66.7		
	3人	35.6	64.4				3个	24.6	75.4		
	4人	32	68				4个	66.7	33.3		
	5人及以上	35.4	64.6			沼气利用方式	1种	50	50	7.171	0.028
家庭经济情况	贫困	50	50	21.818	0.000		2种	28.7	71.3		
	一般	32.1	67.9				3种	33.3	66.7		
	较好	5.1	94.9			沼气产品质量问题	没有影响	22.6	77.4	-0.209	0.000
	很好	0	100				影响较小	27.6	72.4		
使用者的文化程度	小学及以下	33.5	66.5	11.045	0.011		影响较大	68.2	31.8		
	初中	32.1	67.9				影响很大	66.7	33.3		
	高中及中专	0	100			沼气施工质量问题	没有影响	12.5	87.5	-0.174	0.003
	大专及以上	100	0				影响较小	28.8	71.2		
使用者职业	农民	32.4	67.6	1.658	0.646		影响较大	58.8	41.2		
	个体经营	20	80			维修人员态度问题	影响很大	0	0	-0.221	0.000
	企业职工	29.4	70.6				没有影响	10.1	89.9		
	其他	50	50				影响较小	35.7	64.3		

续表

变量	类别	具有持续运作能力(%)	不具有持续运作能力(%)	Pearson	P值
家庭生猪数	0头	54.3	45.7	33.777	0.000
	1—2头	23.1	76.9		
	3—9头	12.5	87.5		
	10头及以上	9.1	90.9		
家庭猪栏修建数	无猪栏	95.7	4.3	51.607	0.000
	1—2间	28.4	71.6		
	3—5间	10.7	89.3		
	5间以上	0	100		
沼气知识了解程度	十分了解	20	80	4.62	0.099
	一般	31.5	68.5		
	太不了解	100	0		

变量	类别	具有持续运作能力(%)	不具有持续运作能力(%)	Pearson	P值
维修人员态度问题	影响较大	50	50	-0.221	0.000
	影响很大	33.3	66.7		
	没有影响	0	100		
政策冲突问题	影响较小	21.8	78.2	-0.446	0.000
	影响较大	68	32		
	影响很大	93.8	6.3		
家庭劳动力问题	没有影响	5	95	-0.021	0.728
	影响较小	34.9	65.1		
	影响较大	25	75		
	影响很大	40	60		

地掌握沼气工程相关维护维修知识；而小学及以下文化程度的用户家中的沼气工程持续运作状况较差，这可能是因为其对掌握维护知识较少，容易造成沼气工程设备的损耗。而大专及以上文化程度者家中沼气工程具有持续运作能力的比例为0.00%，可能是因为该类型用户较少。

（4）不同家庭生猪饲养数、家庭猪栏修建数与农村沼气工程运作情况存在正相关关系，且该结果在1%的显著性水平下显著。这主要是因为家庭生猪饲养数越多，投入沼气工程的原料就越多，持续运作能力就越强。而家庭猪栏修建数越多，家庭生猪饲养数潜力就越大，持续运作能力也就越强。

（5）不同数量沼气优势认可数、不同数量沼气利用方式与沼气工程运作情况存在正相关关系，且该结果在5%的显性著水平下显著。其中优势认可数为3个的用户家中沼气工程持续运转能力相对较强，那是因为优势认可数高表示用户对沼气的认同感强，愿意继续使用沼气，会主动进行沼气工程维护维修从而提高其持续运转能力。此外，随着沼气利用方式的增多，家庭对沼气的依赖程度增强，其沼气使用意愿也就越高，而有3种沼气利用方式的用户所占比例的下降可能是因为该类型用户样本较少。

（6）沼气工程质量问题、沼气施工质量问题、维修人员服务态度问题、政策冲突问题与沼气工程运作情况存在负相关关系，且该结果在1%的显著性水平下显著。这表明沼气工程质量、沼气施工质量、维修人员服务态度、政策冲突等社会因素对于农村沼气工程的可持续运作有着较重要的影响，这些问题发生得越多越严重，农村沼气工程持续运作能力越弱，这与调查确认结果一致。

四　基于二元 Logistic 模型的影响因素分析

本章利用统计工具软件 SPSS19.0，根据调查所得农村沼气工程运作情况相关数据及上文所建立的 Logistic 模型，对影响农村沼气工程运作情况的各因素进行了估计，运用发生比率（Odds Ratio）解释模型中自变量一个单位的变化。初始模型共引用了 14 个自变量，本章选用了 SPSS19.0 软件中基于极大似然估计的向后逐步回归法，以此来选择"最适合"的变量。向后逐步回归法剔除了 7 个变量，依次是 X_8、X_1、X_4、X_3、X_7、X_{11}、X_{12}。通过相关性检验发现，被剔除的自变量缺失与因变量之间不存在显著的相关关系，原因可能是样本中受调查文化水平、沼气了解程度、沼气优势、认可数、沼气施工质量、维修人员态度等因素差距不大，职业非农民的样本数量过少，从而导致统计结果不显著。考虑到多重共线性问题的可能性，本章只选取 X_2（家庭经济情况）、X_5（家庭生猪饲养数）、X_6（家庭猪栏修建数）、X_9（沼气利用方式）、X_{10}（沼气产品质量）、X_{13}（政策冲突）、X_{14}（家庭劳动力），回归结果如表 8 - 9 所示。

表 8 - 9　　　　　　　　　　Logistic 模型最终回归结果

变量	系数	标准误差	显著性水平
家庭经济情况	0.789	0.314	0.012
家庭生猪饲养数	0.497	0.294	0.041
家庭猪栏修建数	1.641	0.594	0.006
沼气利用方式	1.136	0.444	0.011
沼气产品质量	− 1.410	0.320	0.000
政策冲突	− 2.032	0.464	0.000
家庭劳动力	− 0.749	0.291	0.010
常数	2.044	1.985	0.303
P 值（双尾显著性）	0.000		

由表 8 - 9 可知，总体模型卡方值的显著性水平为 0.000，达到模型要求的显著性水平。家庭猪栏修建数、沼气产品质量、政策冲突这三种因素的显著性水平小于 0.01，表示这三种因素对农村沼气工程运作的影响在 1% 的显著性水平下显著；家庭经济情况、家庭生猪饲养数、沼气利用方式、家庭劳动力的显著性水平小于 0.05，表示其对农村沼气工程运作的影响在 5% 的显著性水平下显著。

其中，家庭经济情况的系数为 0.789，表明家庭经济状况越好，沼气持续运转状况越好，因为经济情况好的家庭其有充足的资金进行沼气工程的维护与维修；家庭生猪饲养数的系数为 0.497，家庭猪栏修建数的系数为 1.641，表明家庭猪栏修建得越多，家庭生猪饲养得越多，沼气工程投入原料就越充足，沼气工程便能够持续运转；沼气利用方式的系数为 1.136，表明沼气利用方式越多，用户家中对沼气的依赖越强，越能够自觉对沼气进行维护维修，以延长其持续运转寿命；沼气产品质量的系数为 -1.410，政策冲突的系数为 -2.032，家庭劳动力的系数为 -0.749，表明这些因素与农村沼气工程运作情况呈负相关关系，这些问题发生得越多越严重，农村沼气工程持续运作能力越弱，其中政策冲突问题对农村沼气工程运作的负面影响最强。

第六节 研究结论和政策建议

一 研究结论

综上所述，本章通过对江西省 D 县 283 户农村沼气工程用户的调查数据的分析，了解到农村沼气工程用户的个人与家庭特征、沼气使用现实状况，并对新形势下农村沼气工程运作过程中出现的问题进行了调查与分析，找出造成农村沼气工程持续运作能力下降的主要问题，比如：沼气工程质量问题、沼气施工质量问题、维修人员服务态度问题、政策冲突问题、家庭劳动力缺乏问题。为描述农村沼气工程运作情况，创造性地建立了农村沼气工程设备完整度评分系统，该系统可从客观与主观两个层面刻画出农村沼气工程的可持续运作能力，并与现实加以对照，发现设备完整度高的农村沼气工程，不仅客观上有着持续运作能力，而且现实中也实现了日常的持续运作，在此基础上，将农村沼气工程运作状况划分为具有持续运作能力的沼气工程和不具有持续运作能力的沼气工程。为了解新形势下影响农村沼气工程持续运作的因素，本章在现有研究文献的基础上，根据调查所得现实情况进行了影响因素假设，并对变量进行了定义，之后利用交叉列表法以及二元 Logistic 模型分析了新形势下各因素对农村沼气工程持续性运作的影响。结果显示：影响农村沼气工程持续运作的主要因素包括家庭经济情况、生猪饲养数、猪栏修建数、沼气利用方式、沼气产品质量和政策冲突，这六种因素在交叉表分析以及二元 Logistic 分析中都具有较好的显著性，表明这六种因素与其他因素相比对农村沼气工程持续运作的影响更强，其中家庭经济情况、生猪饲养数、猪栏修建数和沼气利用方式四种因素与农村沼气工程持续运作存在正相关关系；沼气产品质量和政策冲突对于农村沼气工程持续运作存在负相关关系。

二　农村户用沼气发展对策建议

农村沼气工程是关乎农民福祉的重要民生工程，对于改善农村能源消费结构、推动农村绿色发展有重要的意义。但是，现存农村户用沼气工程由于产品质量、工程质量等因素的影响，出现了使用率普遍下降，农民需求意愿降低，诸多沼气设施出现了不同程度的损坏。针对现有农村沼气工程工作过程中出现的损坏及造成其损坏的原因，本章在参考现有农村沼气工程研究文献的基础上，结合农村沼气工程使用现状调查所获得的实际情况，提出以下对策建议，以提高沼气工程使用寿命、增强农村用户持续使用意愿，从而提高整个农村沼气工程的持续使用率。

（一）打造高质量的农村沼气工程

1. 建立沼气产品装备查—产—供—销供应体系

在沼气设施供应方面，增强政府的责任主体作用。利用行政力量对行政区域内沼气相关产品需求状况进行调查与预测，根据需求状况制订沼气相关产品需求规划，并向上一级部门进行汇报，以省为单位进行需求汇总并向国家所指定生产厂家进行统一订货，企业进行生产后将产品送至县一级农机局进行储藏；根据各户需求进行产品供应，保证户用沼气工程可及时获得所需产品。同时，为保证积极有效的调查，应将调查成果与地方政绩或公务人员薪资挂钩，建立有效的激励机制。

2. 建立沼气产品实名责任制

利用计算机信息技术与条形码技术，为每一件与沼气相关产品建立电子档案，从沼气相关产品生产开始实行实名制管理，由生产到运输再到沼气产品的装配以及维修，所有生产者与维修者的信息都将记录在电子档案之上，在产品出现质量问题时，可以进行溯源追责。

3. 科学有效修建沼气工程，加强工程质量监督

沼气工程修建安装之前施工人员应当对工程修建地区进行详细的实地考察，根据不同用户的家庭情况，进行科学施工规划，采用合适的材料和科学的方法进行建造。在完成后，政府应当派遣专人进行检验，并进行相关信息登记。一段时间之后，监督人员应当进行复查，对工程进行进一步检验，以保证沼气工程质量。

（二）建立健全农村沼气工程全方位政策支撑体系

1. 因地制宜制定与落实具有公益民生特性的农业循环沼气工程支持政策

各级政府要围绕《全国可再生能源中长期发展规划》《全国农业可持续发展规划》《农村沼气工程转型升级工作方案》建立健全发展生态循环农业沼气工程的扶持政策，通过实际调查掌握地区沼气工程建设情况，因地制宜制定与落实具有公益民生特性的农业循环沼气工程的支持政策，加大对农村户用沼气修建的补贴。

2. 建立健全发展生态循环农业沼气工程的维修维护政策体系，从制度政策层面为沼气工程的长期持续使用保驾护航

通过对 D 县农村沼气工程用户沼气使用状况进行调查发现，沼气工程修建力度较大，扶持政策执行较好，但是，很多沼气工程难以持续使用，使用不久之后便停止，使大量的财政资金投入被浪费。因此，除加大沼气设施建设初期的扶持力度之外，还应从沼气工程持续使用出发，建立健全发展生态循环农业沼气工程的维修维护政策体系，从制度政策层面为沼气工程的长期持续使用保驾护

航。建立沼气工程维修专项资金为农村沼气工程日常维护修理发展提供资金支持。此外，为保障沼气工程产品质量及施工质量，还应当制定相关监督管理体例，规范产品质量与施工质量，对违规行为进行严厉惩处。

（三）加强维修队伍建设，推动维护知识传播

1. 改善维修队伍人员构成，加强对维修人员的监督与制约

根据对一线沼气工程农技维修人员的询问得知，现今各地区沼气工程维修队伍大多只有一位技术工人，负责数百户用户家中沼气工程的日常维护修理。但据现实情况进行考虑，一位技术工人虽然可进行一些简单的修理，但却无法完成沼气池清渣等复杂工作，而农村用户大多为老人与幼儿，他们难以为清渣工作提供相应劳动力，这也就造成诸多沼气池堵塞而无法进行清渣的现状。从实际情况考虑，沼气工程维修队伍至少应有两人，一位技术工人提供技术维护，另一位辅助工人提供相应劳动力。

此外，沼气工程维修人员行为规范则应与沼气工程维持政策相结合，利用现代信息技术建立维修人员档案，不定时深入用户家中对维修人员服务情况进行调查与登记，对于行为不检的沼气工程维修人员应严厉惩处，加大其不检行为的实施成本。

2. 建立沼气知识传播系统，提高用户沼气保养能力

在对 D 县农村沼气工程用户沼气使用状况的调查中发现大部分用户虽然能够进行简单的利用，但是却缺乏基础的修理知识，只有小部分用户掌握了简单的修理技巧。因此，各地区应当对农户进行一定程度的沼气维护知识普及，减少其不当行为，提升沼气使用寿命。沼气工程简单维修保养知识的传播，可通过视频拍摄刻录光盘的方式进行，也可以通过技术维修人员的实地教导进行。

（四）实现沼气综合利用，提升农户使用效益

农户使用沼气所能获得的效益是影响其沼气使用的重要因素，为提高农户使用意愿，增强其使用积极性，应当促进农户对沼气进行综合利用。沼气能源是沼气工程的重要成果之一，对于农户而

言，沼气能源可以解决其生活用能问题，为家中的饮食烹饪、照明提供必要能源，降低其生活成本。而沼液等产品则是养分利用率高，作物吸收利用效率高的多元速效复合肥料，可为农村种植业提供充足的肥料。为实现沼气综合利用，本章提出加大沼气循环利用技术宣传，推广粪便、污水分离厌氧发酵和秸秆水解，多种原料混合发酵工艺，推广沼气发电、联户供气、沼气保暖等多元利用技术，推广沼肥就近综合利用或沼液好氧深度处理用作灌溉用水。

第九章　生态能源系统博弈

第一节　研究背景

　　大批学者针对农村沼气的建设与利用进行了研究。比如，资树荣等认为，沼气产业实现了农业生产和农民生活的循环发展，极大地节约了农村能源；方行明等对四川省农村沼气建设的成果进行了展示与探讨；汪海波等对农村沼气消费及其影响因素进行了探讨，并对农村沼气建设提出了建议措施；薛亮等提出，农村沼气建设作为转变农业发展方式、统筹城乡发展的战略措施来抓，加大支持力度，加强科技创新，用产业化思路推动发展；王翠霞等利用系统动力学知识，以萍乡地区兰坡村泰华猪场规模养殖沼气工程系统为实例，提出规模养殖系统可持续发展的沼气工程系统建设的对策建议；贾晓菁等用系统动力学仿真和微分方程理论方法相结合，进行了沼气从养殖场至农户的反馈供应链的波动规律研究，论证了沼气供不应求时反馈供应链的波动规律及其意义；涂国平等以系统动力学反馈动态复杂性分析方法与农学、环境工程学等科学结合，运用五大原理，开发"猪—沼气—能源"循环工程。

　　上述研究对于农村沼气工程的发展有积极的推动作用，在一定程度上对我国农村沼气工程系统的建设提供了参考与指导。但是，现存研究文献对于我国农村沼气工程现实存在的持续运作能力低、使用率不高等迫切需要解决的问题较少涉猎，难以对农村沼气工程的现实性困难提出建设性意见，进一步优化农村能源使用结构，提高农村沼气工程的持续使用率。本章立足农村沼气现实状况展开分析，对农村沼气工程现有优良运作系统——农村沼气工程生态循环系统进行刻画，并从农村沼气工程生态循环系统运作过程中的现实问题入手，从用户使用的微观角度，找出影响沼气工程持续运作能力下降的因素；利用研究主体行为演化动态过程的演化博弈模型，对造成沼气工程生态循环系统持续运作能力下降的问题进行分析，实现对造成农村沼气工程持续运作能力下降的诸多主体行为因素博弈复杂性问题的有机研究。在此基础之上，对农村沼气工程生态循环系统进行针对性改良，以期解决农村沼气工程现有问题，增强用户沼气使用意愿，提升农村沼气工程持续运作能力，为国家沼气工程战略制定提供决策依据。

第二节　农村沼气工程生态循环系统及现实问题

一　农村沼气工程生态循环系统

本章研究所用数据来自课题组 2017 年组织的"农村沼气工程现状调查"。调查区域为江西省 D 县。D 县地处江西省北部，南浔线中段，D 县着眼于循环经济和生态农业的可持续发展，推广实施"养殖—沼气—种植"三位一体生态农业循环经济模式，合理利用畜禽排泄物，实现了生态环境与经济发展"双赢"。D 县沼气工程建设工作曾引起省市领导和联合国专家的关注和实地考察，在全国各地的农村沼气工程中具有典型性。通过对 D 县将近 300 户沼气工程用户及 D 县牧业有限公司的实地调查与取证，得出农村沼气工程生态循环系统，具体如图 9 - 1 所示。

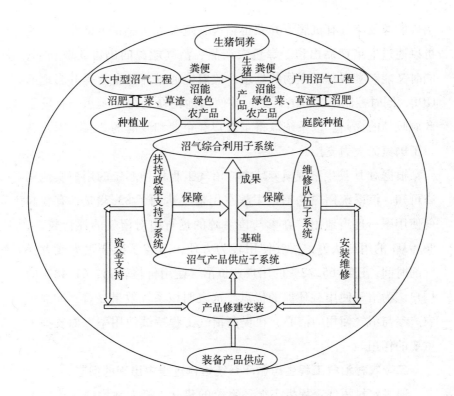

图 9 - 1　农村沼气工程生态循环系统

　　农村沼气工程生态循环系统包括沼气产品供应、维修队伍、扶持政策支持和沼气综合利用四个子系统。其中，沼气产品供应子系统是整个系统的基础，包括沼气装备产品供应部分和沼气产品修建安装部分，该系统描述的是沼气相关装备产品（沼气池修建工具、沼气煲、沼气灶等）的供应以及对沼气系统进行安装修建的过程；扶持政策支持子系统是整个系统的保障，扶持政策支持子系统为农村沼气产品的修建安装及运作提供重要的政策引导及资金支持；维修队伍子系统则是为沼气工程提供日常的维护与修理，增强其持续运作能力；沼气综合利用子系统则是整个系统成果的展示，该系统实现了"粪渣—沼气、沼肥—能源、绿色农产品—猪肉产品—粪渣"的生态循环。在农村沼气工程生态循环系统中，农户可以获得沼气能源及沼气有机肥，并获得猪肉、蔬菜等产品；生猪养殖企业可以通过生猪产品出售、绿色农产品、沼气能源的出售获取利润，同时又能够实现对废弃物的处理；政府能通过养殖企业提升当地的GDP，同时控制了当地的污染，并使当地民众获得了实惠，有助于政府政绩的提高。该系统取得了农户、企业和政府的共赢，因此获得了国家的大力支持。

根据对 D 县生猪规模养殖农村沼气工程运作系统的用户实地调查可知，该系统用户的沼气工程在用情况达到了 83.39%，有较高的使用率；且当地用户在参与该系统的运行中对沼气的评价较高，86.93% 的用户认为，沼气使用较为方便，节省了砍柴生火或者换气的时间，还有 65.72% 的用户评价沼气使用价格较低，61.48% 的用户认为沼气使用有环保的优点。这表明该系统效果显著，增强了农户参与沼气使用的信心，在提高沼气工程持续使用率方面发挥了重要的作用。

二 农村沼气工程生态循环系统运作过程中出现的问题

通过农村沼气工程生态循环系统的建立，极大地增强了沼气的持续使用率，但是，该系统在运行方面却依然存在一定的问题。在接受调查的 283 户用户中，只有 15 户用户家中的沼气工程没有任何问题，可完全正常进行使用，有 47 户用户家中沼气工程停止了使用，221 户用户家中沼气工程虽然能进行使用但是却存在各种问题。这表明了该系统虽然一定程度上增强了农户使用沼气的意愿，提升了沼气设施的使用年限，增强了沼气工程的持续使用能力，但是仍然存在一定的弊端，需要进行进一步的改良与优化。

课题组通过实地调查得知，58.0% 的用户家中的沼气池存在堵塞需要进行清渣，30.3% 的用户家中的沼气灶有损坏，4.6% 的用户家中的沼气表有所损坏，8.0% 的用户家中的沼气煲损坏，4.6% 的用户沼气管道有所损坏，10.1% 的用户沼气系统整体损坏而停止使用，6.1% 的用户因沼气原料投入不足而停止使用。通过对用户及农技人员的调查与询问可知，造成农村沼气工程问题的因素有很多方面，主要包括：沼气产品质量；初期施工工程质量；修理维护人员工作态度；政府新农村政策与沼气工程的冲突；自然灾害损坏；用户使用不当；维修劳动力的欠缺。

　　农村沼气工程持续运作情况受到主观的用户使用意愿和客观的沼气设施情况的影响，当用户使用意愿降低、沼气设施损坏时，沼气工程的持续运作能力便会降低。通过实地调查发现，新农村建设过程中造成猪栏等设施的拆除，造成了用户使用意愿的降低，同时对沼气设施造成了一定的破坏，从而降低了农村沼气工程的持续运作能力；家庭劳动力的不足将会使沼气池清渣等高强度维修维护工作不能及时进行，而沼气的日常维修情况包括维修人员的态度以及维修工作的质量，据调查显示，部分维修人员在服务之时，存在吃、拿、卡、要等现象，使用户对沼气工程产生恶感，降低了其使用意愿，而维修工作的质量降低，又将导致沼气设施的加速损坏，最终造成沼气工程运作能力进一步降低；沼气产品装备的质量过低会影响沼气设施的使用，降低沼气工程运作能力，同时沼气产品装备的低质量会使工程在一开始修建之时就出现问题，使工程在短时间内便停止，在调查中发现，D 县蔡家坉村沼气工程在修建好之后半年内便有 86% 出现损坏，极大地降低了沼气工程设施的使用寿命；自然灾害的出现会加速沼气设施的损坏，在调查中，柳田村十余户沼气工程便因为洪水冲垮管道以及泥沙堵塞沼气池而停止使用。

第三节　农村沼气工程生态循环系统新问题的演化博弈模型及数值分析

　　从农村沼气工程生态循环系统使用的现实来看，造成农村沼气工程生态循环系统持续运作能力下降的原因主要是农技人员的"消极服务"行为，如初期施工时偷工减料、日常服务时态度不端正，以及沼气产品装备供应企业的"不自律"行为，如提供劣质产品。
此外，政府是否对农村沼气用户日常维修维护提供政策支持，如是
否为沼气提供日常维修资金支持，对农村沼气设施的扶持维护政策
是否到位都对系统的持续运行产生了影响。这些问题的产生和出现
与系统内各主体的利益博弈有关，考虑到政府是农村沼气工程生态
循环系统运作的主要主体之一，其采取对沼气农技人员及沼气设施
供应公司的积极监督行为能够对其"消极服务"以及"不自律"行
为产生震慑，而政府扶持及维持政策的实施又会对农户对系统的参
与产生重要影响。基于此，本章认为，影响农村沼气工程生态循环
系统持续运作能力的新问题内存有三组主体之间的利益博弈，分别
是农户和政府政策制定与实施部门的博弈、农技人员与政府监管部
门的博弈、沼气设施供应企业与政府产品质量监督部门的博弈。由
于农村沼气工程生态循环系统是一个复杂的系统，各主体之间的利
益博弈是动态演变的过程。因此，本章利用研究行为演化动态过程
的演化博弈模型对影响农村沼气工程生态循环系统运行的各主体行
为进行研究，以期从各主体的动态博弈过程之中得到启示。

一　农户与政府部门之间的博弈

（一）模型假设

本章利用演化博弈方法来分析农户与政府部门之间的利益冲突
及最优选择，提出以下假设：

（1）博弈过程参与者为农村沼气工程用户 D 以及政府政策制定
与实施部门 S，双方都是有限理性的。

（2）博弈主体均只有两种策略，农村沼气工程用户采取"参
与"和"不参与"两种策略，策略集合为 {参与 D_1，不参与 D_2}。
政府部门采取"只实施沼气工程扶持政策"或"实施扶持政策以及
维持政策"两种策略。策略集合为 {实施扶持政策 S_1，实施扶持政
策与维持政策 S_2}，政府扶持政策为对农村沼气工程的修建予以补
贴，扶持及维持政策为不仅仅对沼气工程的初期修建进行补贴，而
且对于后续修理及沼气工程的持续使用进行补贴与政策支持。

（3）农户选择"参与"行为的概率为 x，取值范围为 [0，1]，选择"不参与"行为的概率为 1 - x；政府采取"扶持政策"的概率为 y，取值范围为 [0，1]，选择"扶持 + 维持政策"行为的概率为 1 - y。

（4）农户参与农村沼气工程系统的收益为 R_1，取值范围为 [0，+∞）；C_1 为农户参与农村沼气工程系统所需要付出的成本，取值范围为 [0，+∞），如沼气设施的修理费用、装备购买费用；农户在模式不运行情况下使用其他能源的成本为 C_2，取值范围为 [0，+∞），其中 $C_2 > C_1$；在系统不运行情况下，农户对政府"扶持政策"的政绩干预系数为 μ_a，对政府"维持政策"的政绩干预系数为 μ_b（系统稳健运行时的干预系数为 0）。政府参与系统并采用扶持政策时的投入为 C_3，取值范围为 [0，+∞），采取维持政策的投入为 C_4，取值范围为 [0，+∞），系统稳健运行的政绩收益为 K_1，取值范围为 [0，+∞），系统获得较好运行时，政绩收益增加值为 K_2，取值范围为 [0，+∞），政府获得的上级补贴等直接收益为 H，取值范围为 [0，+∞）。

表 9 - 1 农户和政府部门的博弈收益矩阵

博弈双方		政府部门	
		扶持政策	扶持与维持政策
农户	参与	$(R_1 - C_1,\ K_1 + H - C_3)$	$(R_1 - C_1,\ K_1 + K_2 + H - C_3 - C_4)$
	不参与	$(-C_2,\ \mu_a K_1 + H - C_3)$	$(-C_2,\ \mu_a K_1 + \mu_b K_2 + H - C_3 - C_4)$

（二）演化博弈模型的建立

根据上述假定，令沼气工程农业用户"参与"与"不参与"情况下的期望收益及平均期望收益分别为 E_x、E_{1-x}、$\overline{E}_D$，其计算公式如下：

$$\begin{cases} E_x = y(R_1 - C_1) + (1 - y)(R_1 - C_1) = R_1 - C_1 \\ E_{1-x} = y(-C_2) + (1 - y)(-C_2) = -C_2 \\ \overline{E}_D = xE_x + (1 - x)E_{1-x} = x(R_1 - C_1) + (1 - x)(-C_2) \end{cases} \quad (9.1)$$

　　复制动态方程是一种描述某一特定策略在一个种群物种中被采用的频数或频度的动态微分方程，生猪规模养殖农村沼气工程运作系统农户策略的演化博弈复制动态方程为：

$$D(x) = \frac{\mathrm{d}x}{\mathrm{d}t}$$

$$= x(E_x - \overline{E}_D)$$

$$= x[(R_1 - C_1) - x(R_1 - C_1) + (1 - x)(-C_2)]$$

$$= x(1 - x)(R_1 - C_1 - C_2) \qquad (9.2)$$

　　令 $D(x) = 0$，那么，$x = 0$ 与 $x = 1$，可以得到这两个稳定状态。对 $D(x)$ 进行求导得：

$$D'(x) = \frac{\mathrm{d}^2 x}{\mathrm{d}^2 t}$$

$$= (1 - 2x)(R_1 - C_1 - C_2) \qquad (9.3)$$

　　由此可以推出，若 $R_1 = C_1 + C_2$ 时，有 $\frac{\mathrm{d}x}{\mathrm{d}t} = 0$，即对于取值范围内所有 X 都是稳定状态；若 $R \neq C_1 + C_2$ 时，则有 $x = 0$ 以及 $x = 1$ 两个稳定状态，其中：当 $R_1 < C_1 + C_2$ 时，$x = 0$ 是 ESS（进化稳定策略）；当 $R_1 > C_1 + C_2$ 时，$x = 1$ 是 ESS。

　　同理，政府部门采取"扶持政策"与"扶持 + 维持政策"的期望收益及平均期望收益分别为 E_y、E_{1-y}、$\overline{E}_s$，其计算公式如下：

$$\begin{cases} E_y = x(K_1 + H - C_3) + (1 - x)(\mu_a K_1 + H - C_3) \\ \qquad = K_1[x + \mu_a(1 - x)] + H - C_3 \\ E_{1-y} = x(K_1 + K_2 + H - C_3 - C_4) + (1 - x)(\mu_a K_1 + \mu_b K_2 + \\ \qquad H - C_3 - C_4) \\ \qquad = K_1[x + \mu_a(1 - x)] + K_2[x + \mu_b(1 - x)] + H - C_3 - C_4 \\ \overline{E}_s = y E_y + (1 - y) E_{1-y} \\ \qquad = K_1[x + \mu_a(1 - x)] + (1 - y) \\ \qquad \{K_2[x + \mu_b(1 - x)] - C_4\} + H - C_3 \end{cases}$$

$$(9.4)$$

政府部门的演化博弈模型动态方程为：

$$S(y) = \frac{dy}{dt}$$

$$= y(E_y - \overline{E}_S)$$

$$= y(1-y)\{K_2[x + \mu_b(1-x)] - C_4\} \tag{9.5}$$

令 $S(y) = 0$，那么，$y = 0$ 与 $y = 1$，可以得到这两个稳定状态。对 $S(y)$ 进行求导得：

$$S'(y) = \frac{d^2y}{d^2t}$$

$$= (1-2y)\{K_2[x + \mu_b(1-x) - C_4]\} \tag{9.6}$$

由此推出，当 $x = \frac{C_4 - \mu_b}{1 - \mu_b}$ 时，$\frac{dy}{dt} = 0$，即所有 y 都是稳定状态；

当 $x \neq \frac{C_4 - k_2\mu_b}{k_2 - k_2\mu_b}$ 时，则 $y = 0$ 和 $y = 1$ 是两个稳定状态，其中，当 $x <$

$\frac{C_4 - k_2\mu_b}{k_2 - k_2\mu_b}$ 时，$y = 1$ 是 ESS；当 $x > \frac{C_4 - k_2\mu_b}{k_2 - k_2\mu_b}$ 时，$y = 0$ 是 ESS。

（三）模型数值分析

通过上述动态复制方程的分析可得出，当农户参与农村沼气工程系统收益为 $R_1 < C_1 + C_2$ 时，农户将选择不参与系统作为其策略；当农户参与农村沼气工程系统收益为 $R_1 > C_1 + C_2$ 时，农户将选择参与系统作为其策略；当农户选择参与农村沼气工程系统的概率 $x >$

$\frac{C_4 - k_2\mu_b}{k_2 - k_2\mu_b}$ 时，政府将选择只采取扶持政策；当农户选择参与农村沼

气工程系统的概率 $x < \frac{C_4 - k_2\mu_b}{k_2 - k_2\mu_b}$ 时，政府将采取扶持政策与维持政

策作为其稳定策略。由于本章希望得到提高用户沼气工程系统参与率的启示，而从分析之中可以得到用户是否参与农村沼气工程系统与其收益有较大关系，因此，本章使用 Matlab 软件对 R_1 不同取值下的演化博弈方程进行仿真，根据实际情况，设 $C_1 = 100$ 元/户，表示农户每年需要为沼气维修付出的大致成本；$C_2 = 80$ 元/罐，表示

D县当地液化气价格；$K_2 = 50/$户；$C_4 = 200/$户表示政府大致需要为沼气维修维护付出的大致成本；$\mu_b = 0.01$，这是考虑农户对乡政府的干预几乎可忽略不说。图9-2为R_1不同取值下模型的演化情况：

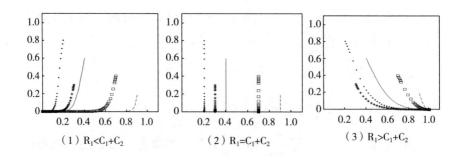

（1）$R_1 < C_1 + C_2$　　　（2）$R_1 = C_1 + C_2$　　　（3）$R_1 > C_1 + C_2$

图9-2　农户与政府部门演化博弈情况

注：以上图中为初始取值分别为（0.8，0.2）、（0.6，0.4）、（0.5，0.5）、（0.4，0.6）、（0.2，0.8）的不同演化情况。

由图9-2可以看出，当$R_1 < C_1 + C_2$时，农户将选择不参与系统作为其策略；当$R_1 > C_1 + C_2$时，农户将选择参与系统作为其策略。由此可知，提高农户参与农村沼气系统的收益有利于保持农户对沼气工程系统的参与度，增强系统的稳定性。

二　农技服务人员与政府监管部门之间的博弈

（一）模型假设

同样，本章利用演化博弈的方法来分析农技服务人员与政府监管部门之间的利益冲突及最优选择，提出以下假设：

（1）博弈过程的参与者为政府农业服务监管部门M以及农业沼气技术服务人员N，博弈双方都是有限理性的。

（2）博弈主体均只有两种策略，政府监管部门采取积极监督和消极监督两种策略，策略集合为｛积极监督M_1，消极监督M_2｝。农业沼气技术服务人员采取积极服务和消极服务两种策略。策略集合为｛积极服务N_1，消极服务N_2｝，积极服务是指农技维护人员按照沼气维修行为规范，及时为用户进行高质量的沼气工程维修，同时没有任何不规范行为；消极服务是指农技维护人员故意拖延维修时间，使用较差装备进行低质量维修，或在服务过程之中索取另外的报酬。

（3）政府监管部门选择积极监督的概率为 z，取值范围为 [0，1]，选择消极监督的概率为 1 − z；农技服务人员采取积极服务的概率为 v，取值范围为 [0，1]，选择消极服务行为的概率为 1 − v。

（4）农技服务人员积极服务的收益为 R_2，取值范围为 [0，+∞）；ΔR 为农技人员消极服务时的超额收益（吃拿卡要、使用劣质产品等）；C_5 为农技人员服务时所需要承担的损耗，取值范围为 [0，+∞）；C_6 为政府部门消极监管而付出的成本，取值范围为 [0，+∞）；C_7 为政府部门积极监管而付出的成本，取值范围为 [0，+∞），如投入较高成本制定监管规则、法律、制度等，投入较多的人力进行监察等，其中 $C_7 > C_6$；L 为农技服务人员消极服务时给农村沼气用户造成影响而给政府部门带来的政绩与评价损失，取值范围为 [0，+∞）；p 为政府部门积极监管下对农技服务人员消极服务的罚金，取值范围为 [0，+∞）（当政府部门消极监督时不能发现农技服务人员的消极服务行为）。农户与政府政策制定和实施部门的博弈收益矩阵如表 9−2 所示。

表 9−2　　农户与政府政策制定和实施部门的博弈收益矩阵

博弈双方		农技服务人员	
		积极服务	消极服务
政府部门	积极监督	$(-C_7, R_2 - C_5)$	$(P - L - C_7, R_2 + \Delta R - P - C_5)$
	消极监督	$(-C_6, R_2 - C_5)$	$(-L - C_6, R_2 + \Delta R - C_5)$

（二）演化博弈模型的建立

根据上述假定，政府农业服务监管部门积极监督和消极监督情况下的期望收益及平均期望收益分别为 E_z、E_{1-z}、$\overline{E}_M$，其计算公式如下：

$$
\begin{cases}
E_z = v(-C_7) + (1-v)(P-L-C_7) \\
\quad = (1-v)(P-L) - C_7 \\
E_{1-z} = v(-C_6) + (1-v)(-L-C_6) \\
\quad\quad = (v-1)L - C_6 \\
\overline{E}_M = zE_z + (1-z)E_{1-z} \\
\quad\quad = (1-v)(zP-L) - (1-z)C_6 - C_7
\end{cases}
\tag{9.7}
$$

政府服务监管部门的演化博弈复制动态方程为：

$$
\begin{aligned}
M(z) &= \frac{dz}{dt} = z(E_z - \overline{E}_M) \\
&= z[(1-v)(P-L) - C_7 - (1-v)(zP-L) + \\
&\quad (1-z)C_6 + C_7] \\
&= z(1-z)[P(1-v) - C_7 + C_6]
\end{aligned}
\tag{9.8}
$$

令 M（z）=0，那么，z=0 与 z=1，可以得到这两个稳定状态。对 M（x）进行求导得：

$$
\begin{aligned}
M'(z) &= \frac{d^2 z}{d^2 t} \\
&= (1-2z)[P(1-v) - C_7 + C_6]
\end{aligned}
\tag{9.9}
$$

由此可推出，当 $v = \dfrac{P+C_6-C_7}{P}$ 时，有 $\dfrac{dz}{dt}=0$，即对于取值范围内所有 z 都是稳定状态；当 $v \neq \dfrac{P+C_6-C_7}{P}$ 时，则有 z=0 以及 z=1 两个稳定状态，其中：当 $v < \dfrac{P+C_6-C_7}{P}$ 时，z=1 是 ESS；当 $v > \dfrac{P+C_6-C_7}{P}$ 时，z=0 是 ESS。

令农技人员积极服务和消极服务情况下的期望收益及平均为 E_v、E_{1-v}、$\overline{E}_N$，其计算公式如下：

$$
\begin{cases}
E_v = z(R_2 - C_5) + (1 - z)(R_2 - C_5) \\
\quad = R_2 - C_5 \\
E_{1-v} = z(R_2 + \Delta R - P - C_5) + (1 - z)(R_2 + \Delta R - C_5) \\
\quad = -zP + R_2 + \Delta R - C_5 \\
\overline{E}_N = vE_v + (1 - v)E_{1-v} \\
\quad = (1 - v)(\Delta R - zP) + R_2 - C_5
\end{cases}
\tag{9.10}
$$

农技服务人员的演化博弈模型复制动态方程为:

$$
\begin{aligned}
N(v) &= \frac{\mathrm{d}v}{\mathrm{d}t} \\
&= v(E_v - \overline{E}_N) \\
&= v(1 - v)(zP - \Delta R)
\end{aligned}
\tag{9.11}
$$

令 $N(V) = 0$,那么 $v = 0$ 和 $v = 1$,可得到这两个稳定状态。对 $N(v)$ 进行求导得:

$$
\begin{aligned}
N'(v) &= \frac{\mathrm{d}^2 v}{\mathrm{d}^2 t} \\
&= (1 - 2v)(zP - \Delta R)
\end{aligned}
\tag{9.12}
$$

由此可推出,当 $z = \dfrac{\Delta R}{P}$ 时,$\dfrac{\mathrm{d}v}{\mathrm{d}t} = 0$,即所有的 v 都是稳定状态; 当 $z < \dfrac{\Delta R}{P}$ 时,$v = 0$ 是 ESS;当 $z > \dfrac{\Delta R}{P}$ 时,$v = 1$ 是 ESS。

(三) 模型数值分析

通过上述动态复制方程的分析可得出,当农技服务人员选择积极服务的概率 $v < \dfrac{P + C_6 - C_7}{P}$ 时,政府部门将采取积极监督作为其策略;当 $v > \dfrac{P + C_6 - C_7}{P}$ 时,政府监管部门将选择消极监督作为其策略;当政府选择积极监督的概率 $z < \dfrac{\Delta R}{P}$ 时,农技服务人员将采取消极服务作为其策略;当 $z > \dfrac{\Delta R}{P}$ 时,农技维护人员将采取积极服务作为其策略。由于本章希望得到促使农技服务人员积极服务方法的启

示，而从分析之中可以得到农技人员是否采取积极服务作为其策略
与其政府对其消极服务行为的罚金有较大关系，因此，本章使用
MATLAB 软件对 P 不同取值下的演化博弈方程进行仿真，设 $\Delta R =$
40 元/次，为农技人员消极服务时的超额收益；$C_6 = 10$ 元/户为政
府消极监督的成本；$C_7 = 30$ 元/户为政府积极监督的成本。图 9 - 3
为 P 不同取值下模型的演化情况。

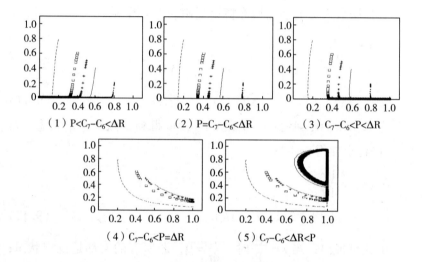

（1）$P<C_7-C_6<\Delta R$ （2）$P=C_7-C_6<\Delta R$ （3）$C_7-C_6<P<\Delta R$

（4）$C_7-C_6<P=\Delta R$ （5）$C_7-C_6<\Delta R<P$

图 9 - 3　农技服务人员与政府监管部门演化博弈情况

由图 9 - 3 可知，当政府监管部门对农技服务人员消极服务行为
的罚金 $P > C_7 - C_6$ 之时，政府监管部门的策略转向了积极监督，当
罚金 P 不断增长直至超过农技服务人员消极服务的额外收益 ΔR 时，
农技服务人员的策略开始逐渐转向积极服务。由此可知，政府对农
技服务人员监管力度的加强有利于减少农技服务人员消极服务的行
为，使其转向积极服务的行为。

三　沼气设施供应企业与政府部门之间的博弈

（一）模型假设

本章利用演化博弈的方法，分析沼气设施供应企业与政府监管
部门之间的利益冲突及最优选择，提出以下假设：

（1）博弈过程的参与者为政府产品质量监管部门 W 以及沼气设施供应企业 F，双方都是有限理性的。

（2）博弈主体均只有两种策略，政府产品质量监管部门采取积极监督和消极监督两种策略，策略集合为 ｛积极监督 W_1，消极监督 W_2｝。沼气设施供应企业采取自律和不自律两种策略，策略集合为 ｛自律 F_1，不自律 F_2｝，自律行为是指沼气设施供应企业提供质量合乎国家要求长期耐用的可靠产品；不自律是指沼气设施供应企业供应劣质产品，谋取额外利润。

（3）政府产品质量监管部门选择积极监督的概率为 g，取值范围为 [0，1]，选择消极监督的概率为 1 - g；沼气设施供应企业采取自律行为的概率为 j，取值范围为 [0，1]，选择不自律行为的概率为 1 - j。

（4）沼气设施供应企业采取自律行为的收益为 R_3，取值范围为 [0，+∞）；0 为沼气设施供应企业采取不自律的超额收益（出售劣质产品等）；C_8 为沼气设施供应企业采取自律行为而付出的成本，取值范围为 [0，+∞）；C_9 为沼气设施供应企业采取不自律行为而付出的成本，取值范围为 [0，+∞），由于沼气设施供应企业采取自律行为需要提供更多更优质的材料。因此 $C_8 > C_9$；C_{10} 为政府部门消极监管而付出的成本，取值范围为 [0，+∞）；C_{11} 为政府部门积极监管而付出的成本，取值范围为 [0，+∞），如投入较高成本制定监管规则、法律、制度等，投入较多的人力进行监察等，其中 $C_{11} > C_{10}$；U 为沼气设施供应企业采取不自律行为提供劣质产品时给农村沼气用户造成影响而给政府部门带来的政绩与评价损失，取值范围为 [0，+∞）；I 为政府部门积极监管下对沼气设施供应企业采取不自律行为的罚金，取值范围为 [0，+∞）（当政府产品质量监管部门消极监督时不能发现沼气设施供应企业的不自律行为）。

沼气设施供应企业和政府产品质量监管部门的博弈收益矩阵如表 9 - 3 所示。

表 9 - 3　　　　　沼气设施供应企业和政府产品质量
监管部门的博弈收益矩阵

博弈双方		沼气设施供应企业	
		自律	不自律
政府产品质量 监管部门	积极监督	$(-C_{11}、R_3-C_8)$	$(I-U-C_{11}、R_3+O-I-C_9)$
	消极监督	$(-C_{10}、R_3-C_8)$	$(-U-C_{10}、R_3+O-C_9)$

（二）演化博弈模型的建立

根据上述假定，令政府质量监管部门积极监督和消极监督情况下的期望收益及平均期望收益分别为 E_g、E_{1-g}、$\overline{E}_W$，其计算公式如下：

$$\begin{cases} E_g = j(-C_{11}) + (1-j)(I-U-C_{11}) \\ \quad = (1-j)(I-U) - C_{11} \\ E_{1-g} = j(-C_{10}) + (1-j)(-U-C_{11}) \\ \quad = (j-1)U - C_{10} \\ \overline{E}_W = gE_g + (1-g)E_{1-g} \\ \quad = (1-j)(gI-U) - (1-g)C_{10} - C_{11} \end{cases} \quad (9.13)$$

政府质量监管部门的演化博弈复制动态方程为：

$$W(g) = \frac{dg}{dt}$$
$$= g(E_g - \overline{E}_W) = g[(1-j)(I-U) - C_{11} - $$
$$(1-j)(gI-U) + (1-g)C_{10} + C_{11}]$$
$$= g(1-g)[I(1-j) - C_{11} + C_{10}] \quad (9.14)$$

令 M(z) = 0，那么，z = 0 与 z = 1，可以得到这两个稳定状态。对 M(x) 进行求导得：

$$W'(g) = \frac{d^2g}{d^2t}$$
$$= (1-2g)[I(1-j) - C_{11} + C_{10}] \quad (9.15)$$

由此可推出，当 $j = \dfrac{I + C_{10} - C_{11}}{I}$ 时，有 $\dfrac{dz}{dt} = 0$，即对于取值范围内所有 g 都是稳定状态；当 $j \neq \dfrac{I + C_{10} - C_{11}}{I}$ 时，则有 $g = 0$ 以及 $g = 1$ 两个稳定状态，其中：当 $j > \dfrac{I + C_{10} - C_{11}}{I}$ 时，$g = 1$ 是 ESS；当 $j < \dfrac{I + C_{10} - C_{11}}{I}$ 时，$g = 0$ 是 ESS。

令沼气设施供应企业自律行为和不自律行为的期望收益及平均为 E_j、E_{1-j}、$\overline{E}_F$，其计算公式如下：

$$\begin{cases} E_j = g(R_3 - C_8) + (1 - g)(R_3 - C_8) \\ \quad = R_3 - C_8 \\ E_{1-j} = g(R_3 + O - I - C_9) + (1 - g)(R_3 + O - C_9) \\ \quad = -gI + R_3 + O - C_9 \\ \overline{E}_F = jE_j + (1 - j)E_{1-j} \\ \quad = (1 - j)(O - gI - C_9) + R_3 - jC_8 \end{cases} \tag{9.16}$$

沼气设施供应公司的演化博弈模型复制动态方程为：

$$F(j) = \dfrac{dj}{dt}$$
$$= j(E_j - \overline{E}_F)$$
$$= j(1 - j)(gI - O + C_9 - C_8) \tag{9.17}$$

令 $F(j) = 0$，那么，$j = 0$ 和 $j = 1$，可得到这两个稳定状态。对 $F(j)$ 进行求导得：

$$F'(j) = \dfrac{d^2 j}{d^2 t}$$
$$= (1 - 2j)(gI - O + C_9 - C_8) \tag{9.18}$$

由此可推出，当 $g = \dfrac{O + C_8 - C_9}{I}$ 时，$\dfrac{dv}{dt} = 0$，即所有 v 都是稳定状态；当 $g < \dfrac{O + C_8 - C_9}{I}$ 时，$v = 0$ 是 ESS；当 $g > \dfrac{O + C_8 - C_9}{I}$ 时，$v =$

1 是 ESS。

（三）模型数值分析

通过上述动态复制方程的分析可得出，当沼气设施供应企业采取自律希望的概率 $j < \dfrac{I + C_{10} - C_{11}}{I}$ 时，政府产品质量监管部门将采取积极监督作为其稳定策略；当 $j > \dfrac{I + C_{10} - C_{11}}{I}$ 时，政府产品质量监管部门将采取消极监督作为其稳定策略；当政府产品质量监管部门采取积极监督的概率 $g < \dfrac{O + C_8 - C_9}{I}$ 时，沼气设施供应企业将选择不自律行为作为其稳定策略；当 $g > \dfrac{O + C_8 - C_9}{I}$，沼气设施供应企业将采取自律行为作为其稳定策略。考虑到本章希望得到沼气设施供应企业采取自律行为，减少其不自律行为的启示，而沼气设施供应企业的行为与政府对其不自律行为的罚金数额有关，因此，本章同样利用 MATLAB 软件对 I 不同取值下的演化博弈方程进行仿真。设 $O = 20$ 元/件，为沼气设施供应企业不自律时的超额收益；$C_8 = 30$ 元/件为沼气设施供应企业自律行为下的成本；$C_9 = 10$ 元/件为沼气设施供应企业不自律行为下的成本；$C_{10} = 10$ 元/户为政府消极监督的成本；$C_{11} = 20$ 元/户为政府积极监督的成本。图 9 - 4 为 I 不同取值下模型的演化情况。

由图 9 - 4 可知，随着政府质量监管部门对沼气设施供应企业的处罚力度不断加大开始逐渐转向积极服务。由此可知，政府质量监管部门对沼气设施供应企业监管力度的加强有利于减少沼气设施供应企业的不自律行为。

四 动态演化博弈模型的启示

通过以上三个动态演化博弈模型的构建及数值分析，可以得到以下启示：

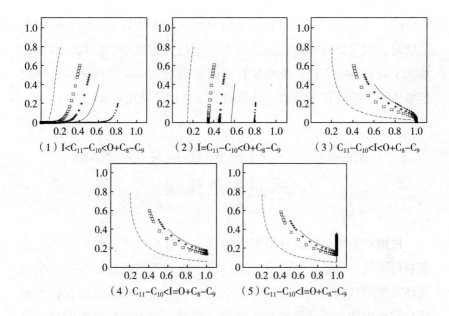

图 9 – 4　沼气设施供应企业与政府产品质量监管部门演化博弈情况

（1）农户参与农村沼气工程运作系统所能获得的收益越高，其继续参与系统运作的概率越大。为加强系统的稳定性，提高农户的参与率，需要加大对农村沼气工程生态循环系统的补贴与扶持，创新沼气利用方式，提高农户收益。因此，政府不应仅仅对农村沼气工程生态循环系统初期修建进行扶持，还应当对沼气工程系统后期的维修与维护予以政策支持与资金支撑。同时，政府的政策扶持应当做好规划，因地制宜地实施，在帮助农户解决问题、提升政绩时注意节约政策实施成本。

（2）当政府监管部门对沼气农技人员消极服务的处罚成本高于其消极服务所获得的收益之时，沼气农技人员消极服务的概率会降低。提高农技人员服务水平，有利于提高沼气用户使用意愿以及增强沼气设备使用寿命，从而提高沼气系统的持续运作能力。因此，政府监管部门应当对沼气农技人员的工作加大监督，严格沼气农技人员行为规范。

（3）当政府产品质量监管部门对沼气设施供应企业的实施积极监督时，沼气设施供应企业选择不自律行为的概率会降低，因为这加大了其成本。因此，政府监管部门应当建立对沼气设施供应链的监督体系，提高沼气设施产品质量，增强产品使用寿命。

第四节　农村沼气工程生态循环系统改进建议

根据动态博弈模型分析所得的启示，对本章现有的生猪规模养殖农村沼气工程运作系统进行了改良。在现有的农村沼气工程生态循环系统的基础之上，增加了三个部分：一是产品质量监督；二是维持政策支持；三是维护知识传播，同时，对于维修队伍的建设提出新的要求。

新增的产品质量监督部分主要是针对沼气产品及初期修建工程质量低而提出的。通过对 D 县农村沼气工程用户沼气使用状况的调查发现，大部分用户对沼气相关产品质量提出了批评，认为沼气工程所统一配备的产品存在质量差、易老化破损、使用周期过短等问题，这主要是相关监督制约体制不完善所造成的，且通过动态演化博弈模型分析发现，政府采取积极监督行为能够降低沼气设施供应商的不自律行为。为此，本章提出建立沼气产品生产—运—装—修实名负责监督体制：基于计算机信息技术与条形码技术，为每一件沼气相关产品建立电子档案，从沼气相关产品生产开始实行实名制管理，由生产到运输再到沼气产品的装配以及维修，每一位生产者与维修者的信息都将记录在电子档案之上，一旦产品出现质量问题便可进行溯源追责。

而沼气工程维持政策部分，同样是在农村现实调查及演化博弈分析的基础上提出的。通过调查发现，农村沼气工程修建力度较大，扶持政策执行较好，但是，沼气工程难以持续使用，使用不久之后便停止废弃，使大量的资金投入被浪费，而通过对农户与政府政策制定与实施部门的博弈分析可以发现，实行维持政策进一步降低农户参与沼气使用的成本，增加其收益就有利于提高农户参与沼气系统使用的概率，提高沼气使用率。因此，政策子系统不应仅考虑沼气工程扶持建设政策，还应从沼气工程持续使用出发，建立健全发展生态循环农业沼气工程维修维护政策子系统，从制度政策层面为沼气工程的长期持续使用保驾护航，制定沼气工程维修专项资金为农村沼气工程日常维护修理发展提供资金支持。此外，为保障沼气工程产品质量及施工质量，还应当制定相关监督管理体例，规范产品质量与施工质量，对违规行为进行惩处。

改良后的系统增加了沼气工程维修技术知识传播这一部分。通过对 D 县农村沼气工程用户沼气使用状况进行调查发现大部分用户虽然能够进行简单的利用但是却缺乏基础的修理知识，只有小部分用户才掌握了简单的修理技巧。沼气工程维修技术传播主要包括两个方面：一是沼气工程简单维修保养知识的传播，建议通过视频拍摄的方式进行传播；二是技术维修人员的实地教导。通过保养知识的传播以及技术维修人员的教导来提高用户对沼气工程的日常维护维修能力，从而降低沼气工程的损坏以及节约维修投入。

此外，改良系统对维修队伍建设提出了新的要求，主要包括沼气工程维修人员队伍的组成和沼气工程维修人员行为规范。根据对一线沼气工程农技维修人员的询问得知，现今各地区沼气工程维修队伍大多是只有一位技术工人，负责数百户沼气工程的日常维护修理，但据现实情况进行考虑，一位技术工人虽然可进行一些简单的修理，但却无法完成沼气池清渣等复杂工作；而农村用户大多为老人与幼儿难以为清渣工作提供相应劳动力，这也就造成诸多沼气池堵塞而不进行清渣的现状。因此，本章认为，每一地区沼气工程维修队伍至少应当有两人，一位技术工人提供技术维护，另一位辅助工人提供相应劳动力。沼气工程维修人员行为规范则应与沼气工程维持政策子系统相结合，利用现代信息技术，建立维修人员档案，并不定时深入用户家中对维修人员服务情况进行调查与登记，对于行为不检的沼气工程维修人员应严厉惩处。

改良后的农村沼气工程生态循环系统如图 9 - 5 所示。

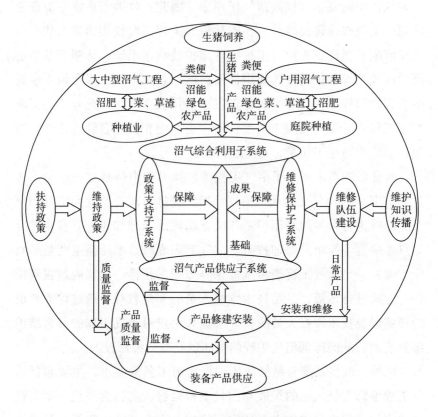

图 9 - 5　改良后的农村沼气工程生态循环系统

第五节　结语

本章立足于我国农村沼气工程沼气使用率普遍下降、废弃现象日益突出的现状，对沼气持续使用状况较好，实现了农户、企业、政府共赢的 D 县生猪规模养殖农村沼气工程运作系统进行实地调查，调查显示，该系统运行情况较好，农村沼气使用率较高，沼气工程在用情况达到了83%，但依然存在设备损坏、老化等情况。在实地调查的基础之上，本章对影响农村沼气工程运作系统运作的各种问题进行揭示，这些问题包括：部分沼气农技人员初期施工偷工减料、日常维护存在弊端，沼气设备质量较差、使用寿命较短，农户缺乏维护知识与必要维修劳动力，政府重视沼气初期扶持工作而缺乏后续维持政策的匹配。在此基础上，本章利用演化博弈模型对影响农村沼气工程运作系统持续运作能力的诸多问题存在的农户与政府政策制定与实施部门的博弈、农技人员与政府监管部门的博弈、沼气设施供应企业与政府产品质量监督部门的博弈进行研究，得出的结论是：农户参与农村沼气工程运作系统所能获得的收益越高，其继续参与系统运作的概率越大；政府加强对沼气农技人员服务与沼气供应商的监督，能够降低沼气农技人员消极服务的概率和沼气供应商不自律行为的概率。在演化博弈模型分析的基础之上，本章对现有的农村沼气工程生态循环系统进行改良，增加了产品质量监督、维持政策、维修技术知识传播等部分，并对维修队伍建设提出了新的要求，建立了产品供应、沼气设施施工、日常沼气维修的全方位监督维持体系，以期能进一步优化现有农村沼气工程生态循环系统，提升农村沼气工程持续运作能力。

第十章 生态能源系统的组织优化

第一节 研究背景

  习近平总书记在中国共产党第十九次全国代表大会上作的报告中强调"乡村振兴"战略，提出要构建现代农业产业体系、生产体系、经营体系，完善农业支持保护制度，发展多种形式适度规模经营，培育新型农业经营主体，健全农业社会化服务体系，实现小农户和现代农业发展有机衔接。生猪产业既是我国农业的重要产业，也是农民致富的重要领域。国家统计局数据显示，猪肉生产在我国畜牧业中处于主体地位。推动生猪产业发展，对于我国"乡村振兴"战略的实施有着重要的意义。生猪产业"企业 + 养殖户"模式是生猪产业内农户与企业合作的有效模式，是推动养殖户与现代农业发展有机衔接的契机。

  国内外就企业与农户的合作问题进行了大量研究。伯杰（Boger）对波兰生猪养殖行业的研究指出，养殖户直接进入市场会面临很多困难，而企业则希望农户能提供合乎质量要求的猪肉，因此，双方会进行合作。辛格（Singh）的研究表明，农户与企业合作可以得到企业的技术、资金支持，虽然会受到不公平待遇但仍会选择与企业合作。希普梅恩（Schipmainn）的研究表明，农户加入现代供应链模式会增加农户收入。阿伦·潘迪特（Arun Pandit）的研究表明，农户与企业签订合同后，短期收入会增加，生产技术水平提

高。黄梦思等运用海南、湖北、河南等 6 个省份的调查数据，实证
分析了复合治理"挤出效应"对农产品营销渠道绩效的影响。浦徐
进等构建了斯塔克尔伯格（Stackelberg）博弈模型，考察农户公平
偏好对农产品供应链运作造成的偏差，证明了农户依赖于现状参照
点的公平偏好可以提高供应链整体效用。张群祥通过 Logistic 模型构
建和相平面法应用，探究农户和龙头企业间不同的共生行为模式和
动态演化过程。黄勇利用湖北恩施的实地调研数据，分析猪肉供应
链收益分配格局，研究表明，猪肉供应链中超市的收益要远高于屠
宰加工企业和养殖大户，这极大地影响猪肉供应链稳定和健康
发展。

　　虽然众多学者对农户与企业间的合作进行了研究，但是，两者
之间的违约行为却依然层出不穷。生猪产业养殖户与企业之间的违
约问题会造成企业与养殖户双方的利益严重受损，尤其是对于生猪
养殖户而言，可能会造成难以承受的损失，这严重影响了生猪产业
的发展，影响了"乡村振兴"战略的实施。如何增强生猪产业"企
业＋养殖户"模式的稳定性，保证交易双方的履约行为，是推动我
国生猪产业健康发展的重要问题。生猪产业现有"企业＋养殖户"
模式不能转移养殖风险，仅仅是将养殖风险在企业与养殖户之间进
行转移。现代金融形成了完善的风险转移、风险分散与风险交易机
制，通过使用现代金融工具打破生猪产业生猪产品交易系统的封闭
性，将交易风险进行外化转移以协调企业与养殖户的利益冲突是解
决"企业＋养殖户"模式违约问题的根本途径。Ke Ynes 和 Hicks
最早对套期保值理论进行了阐述，认为套期保值者参与期货交易的
目的是期望通过期货市场寻求价格保障，尽可能地消除价格风险。
Caldentey 等分析了套期保值是规避契约违约风险的有效途径。

　　本章在现有研究的基础上，使用静态博弈理论模型，对生猪产
业"企业＋养殖户"模式价格稳定区间及其影响因素进行分析，并
利用期货、期权等现代金融工具的风险规避功能，寻求风险外化通
道以协调企业与养殖户之间的利益冲突，希望为生猪产业"企业＋

养殖户"模式的稳定发展提供新的对策。

第二节　"公司 + 生猪养殖户"运营模式

在我国农业产业化经营的各种模式中，"公司 + 农户"模式是我国目前农村地区的农业产业化的主导模式，也是我国农业产业化发展中比较成熟的一种模式，它是农业产业化经营形式探索过程中的一个基础。"公司 + 生猪养殖户"是我国生猪养殖的一种重要模式，土地、劳动力资源等生产资料是公司稀缺的资源，也是公司的沉重负担；而公司的先进生产经营、管理技术以及雄厚运营资本又正是合作农户缺乏的，因此，"公司 + 生猪养殖户"一直是我国生猪养殖的重要模式。

一　"公司 + 生猪养殖户"运营模式运行的动力机制

（一）生猪养殖户收入成长上限基模分析

生猪小规模养殖户缺乏一定的组织和市场的拓展能力，生猪销售受到一定区域的限制。当年生猪出栏量增加时，而生猪散养户又没有足够的市场开拓能力，因此，导致其生猪价格在局部地区大幅下降，农民收入下降，严重影响和制约了猪肉的稳定供给。生猪出栏量及养殖户收入成长上限基模一如图 10 - 1 所示。

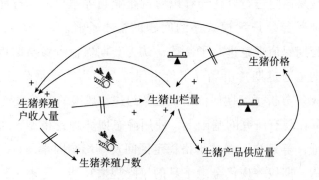

图 10 - 1　生猪出栏量及养殖户收入成长上限基模一

　　由于散养户缺乏市场的开拓能力，当年生猪出栏量增加时，而生猪散养户又没有足够的市场开拓能力，生猪产品剩余量增加，影响了散养户增收，进一步挫伤了散养户的积极性，这也是近年来散养户不断退出的原因。生猪出栏量及养殖户收入成长上限基模二如图 10 - 2 所示。

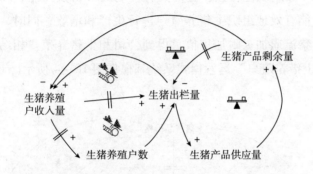

图 10 - 2　生猪出栏产量及养殖户收入成长上限基模二

　　对基模一和基模二进行整合得到生猪出栏量及养殖户收入成长上限基模如图 10 - 3 所示。

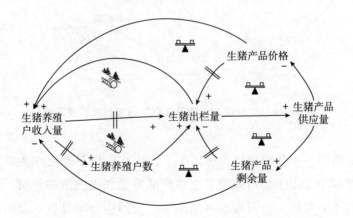

图 10 - 3　生猪出栏量及养殖户收入成长上限基模

由图 10 - 3 我们容易发现，由于散养户缺乏一定的组织和市场预测能力及市场开拓能力，从而容易影响农民增收、生猪产品过剩等现象的发生。这严重影响了农户增收，进而挫伤了农户的养殖积极性，影响了生猪产品的稳定供给。

（二）"公司 + 生猪养殖户" 系统基模分析

公司一般组织性较强，通常具有一定的市场预测能力和市场拓展能力，能有效地组织生猪养殖户进行生产和增收；同时，公司从中享有生猪流通加工附加价值，得到公司和生猪养殖户相结合成的"公司 + 生猪养殖户" 运营模式系统基模如图 10 - 4 所示。

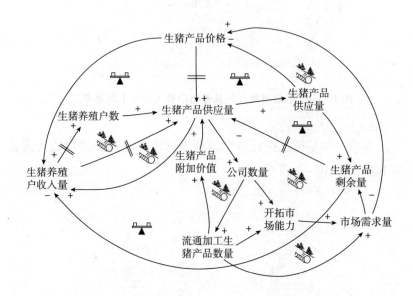

图 10 - 4　"公司 + 生猪养殖户" 运营模式系统基模

从图 10 - 4 我们容易发现，在"公司 + 生猪养殖户" 运营模式系统基模中，由于公司获得了生猪产品流通加工的附加价值，使公司规模不断发展，公司数量不断增加；又因为公司具有一定的市场拓展能力，将进一步提高市场需求量，正反馈环"市场需求量——生猪产品剩余量——生猪产品供应量——公司数量——流通加工生猪产品数量——→开拓市场能力——→市场需求量"和"市场需求量——→生猪产品剩余量——→生猪产品供应量——→公司数量——→市场开拓能力——→市场需求量"反映了公司规模的不断发展和数量不断增加使市场开拓能力也不断增强,进而使生猪产品的市场需求量不断增加。

同时,正反馈环"生猪产品价格——→生猪产品供应量——→公司数量——→流通加工生猪产品数量——→市场开拓能力——→市场需求量——→生猪产品价格"和"生猪产品价格——→生猪产品供应量——→公司数量——→市场开拓能力——→市场需求量——→生猪产品价格"刻画了公司规模的不断发展和数量不断增加使市场开拓能力也在不断提升,使生猪产品的市场需求量不断增加,价格也稳步提高;进而提高了生猪养殖户产量,增加了养殖户收入。

因此,"公司+生猪养殖户"运营模式使公司不断发展壮大的同时,也较好地解决了生猪产品的市场需求和价格问题,提高了农户收入。因此,公司和生猪养殖户在参与"公司+生猪养殖户"运营模中实现了"双赢"。

(三)基于交易费用的"公司+生猪养殖户"的合作博弈

农业产业化经营的一个重要理论依据是交易费用理论。交易费用理论是西方新制度经济学的核心范畴。它是美国学者科思(R. Coase)1937年在其著名论文《企业的性质》中提出的。根据科斯的交易费用理论,企业是对市场的替代,之所以企业能部分替代市场,是因为交易费用的存在。威廉姆森(Oliver E. Williamson)强调使交易退出市场转而组织内部交易,即进行纵向一体化的必要性。实行农业产业化经营,形成一个牵头组织——龙头企业,由龙头企业支配资源,将市场交易内部化,可以节约交易费用。

我国生猪养殖户是分散独立地从事生猪生产经济活动的,生猪及生猪产品交易成功的前提是生猪产品正好符合市场需要。但分散的生猪养殖户各自独立地进入市场的交易费用相对于其交易额来说是相当高昂的，因为养殖户特别是散养户对于销售渠道、价格发现、讨价还价等变幻莫测的市场信息非常匮乏，这些信息对生猪养殖户特别是散养户来说不可获得，或者获得这些信息所需费用非常高。这种极强的不确定性大大增加了交易风险，交易费用也急剧上升。我国农业生产实践中，农业产业化作为一种新的投入产出模式，成为有效地促进农业增产增收的新途径。以往企业要分散到各地收购初级生猪及生猪产品，要面对分散的生猪散养农户。无疑，企业的交易费用是昂贵的。实行订单生产模式后，企业和生猪散养户一起制定统一规范的合同，就不必对每一个交易的合同条款进行协商，省去了讨价还价的过程；按照订单规定的时间和地点集中交货，大大降低了交易的频率和交易成本。

在合作博弈中，沙普利（Shapley）值作为博弈的解由于其按贡献分配的合理性，为多数联盟利益分配所接受。

定义二元组 G = (N，V) 为局中人集 N 上的 n 人合作博弈，如果 V 是 N 的所有子集形成的集合 2^N 上的映射，满足 $V(\varphi) = 0$，对所有的 S，T $\in 2^N$，只要 S $\cap$ T = φ，则有 $V(S \cup T) \geq V(S) + V(T)$。

博弈 G = (N，V) 的沙普利将大联盟的得益 V(N) 按照下述公式进行分摊：

$$\phi_i = \sum_{S \subseteq N \setminus i} \frac{s!(n-s-1)!}{n!}[V(S \cup \{i\}) - V(S)]$$

式中，s 表示联盟中的参与人数，$V(\varphi) = 0$，$V(S \cup \{i\}) - V(S)$ 表示参与人 i 对联盟 $S \subseteq N \setminus i$ 的边际贡献。

我们假定 N = {1，2} 为一局中人集，生猪养殖户 1 公司 2。公司和生猪养殖户在"公司 + 生猪养殖户"运营模式中形成的联盟合作得益为 $\bar{\pi}$，而公司和生猪养殖户进行市场交易的得益分别为 N 和 P，$\bar{\pi} >$ N + P。局中人合作联盟得益如表 10 - 1 所示。

表 10 –1 "公司 + 生猪养殖户"运营模式局中人合作联盟受益

联盟	V(1)	V(2)	V(1, 2)
得益	P	N	$\bar{\pi}$

此时，公司和生猪养殖户在"公司 + 生猪养殖户"运营模式中的合作博弈的沙普利值为：

$$\phi_1 = \sum_{S \subseteq N \setminus 1} \frac{s!(n - s - 1)!}{n!} [V(S \cup \{1\}) - V(S)]$$

$$= \frac{0!(2 - 0 - 1)!}{2!} [V(0 \cup \{1\}) - V(0)] +$$

$$\frac{1!(2 - 1 - 1)!}{2!} [V(2 \cup \{1\}) - V(2)]$$

$$= \frac{1}{2}P + \frac{1}{2}(\bar{\pi} - N)$$

$$\phi_2 = \sum_{S \subseteq N \setminus 1} \frac{s!(n - s - 1)!}{n!} [V(S \cup \{2\}) - V(S)]$$

$$= \frac{0!(2 - 0 - 1)!}{2!} [V(0 \cup \{2\}) - V(0)] +$$

$$\frac{1!(2 - 1 - 1)!}{2!} [V(1 \cup \{2\}) - V(1)]$$

$$= \frac{1}{2}N + \frac{1}{2}(\bar{\pi} - P)$$

又 $\bar{\pi} > N + P$，得：

$$\frac{1}{2}(\bar{\pi} - N) > \frac{1}{2}P, \quad \frac{1}{2}(\bar{\pi} - P) > \frac{1}{2}N$$

得到"公司 + 生猪养殖户"运营模式中生猪养殖户得益：

$$\phi_1 = \frac{1}{2}P + \frac{1}{2}(\bar{\pi} - N) > P$$

得到"公司 + 生猪养殖户"运营模式中公司得益：

$$\phi_2 = \frac{1}{2}N + \frac{1}{2}(\bar{\pi} - P) > N$$

上式说明：参与"公司 + 生猪养殖户"运营模式进行合作后，

由于节约了交易费用，生猪散养户的得益由 P 提高了 $\phi_1 = \frac{1}{2}P + \frac{1}{2}(\bar{\pi} - N)$，公司的得益由 N 提高到了 $\phi_2 = \frac{1}{2}N + \frac{1}{2}(\bar{\pi} - P)$。这就实现了农户和生猪散养户参与"公司+生猪散养户"运营模式的"双赢"。

第三节　博弈视角下生猪产业"企业+养殖户"模式稳定性分析

一　博弈假设

为方便下文的运算分析，本章特别做出以下假设：

（1）本章所讨论的为生猪产业"企业+养殖户"模式的一般情况，即企业与生猪养殖户在"企业+养殖户"模式中签订的生猪产品交易契约为远期合约，签订一段时间之后才会履行。

（2）生猪产业"企业+养殖户"模式参与双方都是理性的经济人。

（3）生猪产品市场价格为博弈双方共有信息。

（4）博弈双方有违约与履约两种选择；当一方违约时，其将永久失去参与生猪产业"企业+养殖户"模式的机会。

（5）生猪产业"企业+养殖户"模式将生猪产品交易内部化，按照"企业+养殖户"模式的合同规定交易单位生猪产品，生猪养殖户可节约交易费用 E_1，企业可节约交易费用 E_2。

（6）合同生猪产品交易价为 P_c，市场生猪产品交易价在合同价 P_c 上下以幅度 X 波动，单位生猪产品合同违约金为 θ，合同交易量 Q，市场价格 P_m。

（7）企业以市场价格在 T = 1 时按契约购入生猪产品加工后的纯利润为 F，且不受行情影响。

（8）生猪养殖户每生产单位生猪产品并和企业签订合约进行交易的总成本为 ϖ，由于本章所讨论的是基于我国现实的农地租赁合同，不存在资产专用性问题。

（9）P_i 为 T = i 时点的单位生猪产品市场价格，贴现率为 r。

二　生猪产业"企业 + 养殖户"模式博弈

由于生猪产业"企业 + 养殖户"模式参与双方希望建立的是长期的合作模式，此时，契约双方不仅仅考虑 T = 1 时点的得益，同时还考虑 T = 2 到 T = n 的得益。

生猪养殖户在 T = 2 到 T = n 期参与生猪产业"企业 + 养殖户"模式的交易得益为：

$$\pi_{C1} = \sum_{i=2}^{n} \frac{(P_c - \varpi)Q}{(1 + r)^{i-1}}$$

市场交易得益为：

$$\pi_{m1} = \sum_{i=2}^{n} \frac{(P_i - \varpi - E_1)Q}{(1 + r)^{i-1}}$$

生猪企业在 T = 2 到 T = n 期参与生猪产业"企业 + 养殖户"模式的交易得益为：

$$\pi_{C2} = \sum_{i=2}^{n} \frac{(F + P_i - P_c)Q}{(1 + r)^{i-1}}$$

市场交易得益为：

$$\pi_{m2} = \sum_{i=2}^{n} \frac{(F - E_2)Q}{(1 + r)^{i-1}} \tag{10.1}$$

以 FA 表示生猪养殖户，FB 表示生猪企业，O 表示遵守生猪产业"企业 + 养殖户"模式契约，D 表示违背生猪产业"企业 + 养殖户"模式契约，得到生猪产业"企业 + 养殖户"模式双方得益矩阵，如表 10 - 2 所示。

设生猪养殖户以及生猪企业的效用水平函数为：$u(z_1 + z_2) = z_1 + z_2$。

表 10 - 2   T = 1 时生猪产业 "企业 + 养殖户" 模式得益矩阵

FA \ FB	履约 O	违约 D
履约 O	$(P_C - \varpi) \ Q + \pi_{C1},$ $Q \ (F + P_m - P_C) \ + \pi_{C2}$	$(P_m - \varpi - E_1 + \theta) \ Q + \pi_{C1},$ $Q \ (F - E_2 - \theta) \ + \pi_{m2}$
违约 D	$(P_m - \varpi - E_1 - \theta) \ Q + \pi_{m1},$ $Q \ (F - E_2 + \theta) \ + \pi_{C2}$	$(P_m - \varpi - E_1) \ Q + \pi_{m1}$ $Q \ (F - E_2) \ + \pi_{m2}$

（1）当生猪产品市场交易价格行情较好时，单位生猪产品交易价格高于生猪产业 "企业 + 养殖户" 模式契约中规定的交易价格，即 $P_m - P_c = x \geqslant 0$ 时，生猪企业倾向于履约，生猪养殖户虽然倾向于通过市场出售生猪产品以获得更多收益，但考虑到惩罚系数及未来合作收益，因此，生猪养殖户和生猪企业都有选择 "履约" 和 "违约" 的可能。在 T = i 时点，生猪企业选择签订生猪产业 "企业 + 养殖户" 模式交易契约，生猪企业有稳定的生猪产品供应，减少交易费用的动机，则生猪企业在 T = i + 1 期签订生猪产业 "企业 + 养殖户" 模式交易契约的即期效用不小于下期通过市场交易购买生猪产品的即期效用，即：

$$u_{FB}(T = i)(F + P_i - P_c)_{T=i+1} \geqslant u_{FB}(T = i)(F - E_2)_{T=i+1}$$

令

$$u_{FB}(T = i)(F + P_i - P_c)_{T=i+1} \geqslant u_{FB}(T = i)(F - E_2)_{T=i+1}$$
$$= u_{FI}(T = i)(bT = i) = b \geqslant 0 \tag{10.2}$$

同时，令

$$\beta = \pi_{C2} - \pi_{m2}$$
$$= \sum_{i=2}^{n} \frac{(F + P_i - P_C)Q}{(1 + r)^{i-1}} - \sum_{i=2}^{n} \frac{(F - E_2)}{(1 + r)^{i-1}} \tag{10.3}$$

得：

$$u_{FB}(T = 1)(\beta) = \sum_{i=2}^{n} \frac{1}{(1 + r)^{i-1}} b \tag{10.4}$$

由表 10 – 2 和式（10.3）、式（10.4）得：

$$u_{FB}(O_{FB}, O_{FA}) - u_{FB}(D_{FB}, O_{FA}) = (x + E_2 + \theta)Q + Q\sum_{i=2}^{n}\frac{1}{(1+r)^i}b > 0$$

$$(10.5)$$

$$u_{FB}(O_{FB}, D_{FA}) - u_{FB}(D_{FB}, D_{FA}) = \theta Q + Q\sum_{i=2}^{n}\frac{1}{(1+r)^i}b > 0$$

$$(10.6)$$

综合式（10.5）和式（10.6），可知，$u_{FB}(O_{FB}, S_{FA}) > u_{FB}(D_{FB}, S_{FA})$，即遵守契约为生猪企业的占优战略，此时，由表 10 – 3 得：

$$u_{FA}(D_{FA}, O_{FB}) - u_{FA}(O_{FA}, O_{FB}) = (x - E_1 - \theta)Q + \pi_{m1} - \pi_{c1}^*$$

$$(10.7)$$

令 $\alpha = \pi_{c1} - \pi_{m1}$，在 $T = i$ 时，生猪养殖户选择生猪产业"企业 + 养殖户"模式，生猪养殖户的生猪产品便有稳定销路的动机，同理，有：

$$u_{FA}(T=i)(P_c - \varpi)_{T=i+1} - u_{FA}(T=i)(P_i - \varpi - E_1)_{T=i+1} \geq 0$$
令
$$u_{FA}(T=i)(P_c - \varpi)_{T=i+1} - u_{FA}(T=i)(P_i - \varpi - E_1)_{T=i+1} \geq 0$$
$$= u_{FA}(T=i)(a_{T=i}) = a \geq 0$$

$$u_{FB}(T=1)(\alpha) = Q\sum_{i=2}^{n}\frac{1}{(1+r)^{i-1}}a \geq 0 \qquad (10.8)$$
令
$$\sum_{i=2}^{n}\frac{1}{(1+r)^{i-1}}a = a^* \geq 0 \qquad (10.9)$$

即 a^* 为生猪养殖户考虑未来和生猪企业合作超过市场交易的预期得益，即 a^* 为生猪养殖户考虑长期参与生猪产业"企业 + 养殖户"模式的偏好。

联合式（10.7）、式（10.8）和式（10.9）得：$u_{FA}(D_{FA}, O_{FB}) - u_{FA}(O_{FA}, O_{FB}) = (x - E_1 - \theta)Q - a^*$，当 $x > E_1 + \theta + a^*$ 时，则 u_{FA}

$(D_{FA}, O_{FB}) - u_{FA}(O_{FA}, O_{FB}) > 0$，生猪养殖户的占优策略是违约的，$(D, O)$ 为博弈 $G = \{O, D; u_{FA}, u_{FB}\}$ 的均衡解，即（违约，履约）是生猪养殖户和生猪企业的均衡解。当 $0 \leqslant x \leqslant E_1 + \theta + a^*$ 时，$u_{FA}(D_{FA}, O_{FB}) - u_{FA}(O_{FA}, O_{FB}) < 0$，生猪养殖户的占优策略是履行生猪产业"企业 + 养殖户"模式交易契约，(O, O) 为博弈 $G = \{O, D; u_{FA}, u_{FB}\}$ 的均衡解，即（履约，履约）为生猪养殖户和生猪企业的均衡解。当生猪产品交易价格波动的上涨幅度比生猪养殖户在生猪产业"企业 + 养殖户"模式交易契约所节省的交易费用、违约金和生猪养殖户的长期合作偏好值总和大时，生猪养殖户便会退出生猪产业"企业 + 养殖户"模式；相反，生猪养殖户会遵守契约。

（2）当生猪产品市场交易价格行情较差时，单位生猪产品价格低于生猪产业"企业 + 养殖户"模式交易契约中所规定的交易价格，即 $Pm - Pc = x < 0$ 时。

由表 10 - 2 和式（10.7）、式（10.8）、式（10.9）得：

$$u_{FA}(O_{FA}.O_{FB}) - u_{FA}(D_{FA}.O_{FB}) = (-x + E_1 + \theta)Q + Qa^* > 0 \tag{10.10}$$

$$u_{FA}(O_{FA}.D_{FB}) - u_{FA}(D_{FA}.D_{FB}) = \theta Q + Qa^* > 0 \tag{10.11}$$

综合式（10.12）和式（10.13），有：

$$u_{FB}(O_{FB}.S_{FA}) - u_{FA}(D_{FB}.S_{FA}) \tag{10.12}$$

即 $Pm - Pc = x < 0$ 时，履行契约为生猪养殖户的占优策略。此时，由表 10 - 2 和式（10.14）得：

$$u_{FB}(D_{FB}, O_{FA}) - u_{FB}(O_{FB}, O_{FA}) = (-x - E_2 - \theta)Q -$$

$$Q\sum_{j=1}^{n-1}\frac{1}{(1+r)^{i-1}}b \tag{10.13}$$

令

$$\sum_{i=1}^{n-1}\frac{1}{(1+r)^{i-1}}b = b^* \geqslant 0 \tag{10.14}$$

即 b^* 为生猪企业考虑在未来 T = 2 到 T = n 期内和生猪养殖户进

行合作超过在市场购买生猪产品的预期得益，即 b^* 为生猪企业希望长期参与生猪产业"企业 + 养殖户"模式交易契约的偏好值。

由式（10.13）和式（10.14）得：

$$u_{FB}(D_{FB}, O_{FA}) - u_{FB}(O_{FB}, O_{FA}) = (-x - E_2 - \theta)Q - b^*Q$$

当 $x < -E_2 - \theta - b^*$ 时，$u_{FB}(D_{FB}, O_{FA}) - u_{FB}(O_{FB}, O_{FA}) = (-x - E_2 - \theta)Q - b^*Q > 0$，生猪企业的占优策略是违约，$(O, D)$ 为博弈 $G = \{O, D; u_{FA}, u_{FB}\}$ 均衡解，即（履约，违约）是生猪养殖户和生猪企业的均衡解。当 $-E_2 - \theta - b^* \leqslant x < 0$ 时，$u_{FB}(D_{FB}, O_{FA}) - u_{FB}(O_{FB}, O_{FO}) = (-x - E_2 - \theta)Q - b^*Q < 0$，生猪企业的占优策略是履约，$(O, O)$ 为博弈 $G = \{O, D; u_{FA}, u_{FB}\}$ 均衡解，即（履约，履约）为生猪养殖户和生猪企业的均衡解。当生猪产品市场交易价格波动的下跌幅度比生猪企业在生猪产业"企业 + 养殖户"模式交易契约中所节省的交易费用、违约金以及和生猪企业的长期合作偏好值总和大时，生猪企业就会退出生猪产业"企业 + 养殖户"；相反，养殖企业会履行契约。

通过以上分析，得生猪养殖户退出生猪产业"企业 + 养殖户"模式价格波动区间为 $(E_1 + \theta + a^*, +\infty)$，生猪企业退出生猪产业"企业 + 养殖户"模式的价格波动区间为 $(-\infty, -E_2 - \theta - b^*]$。从而可得生猪产业"企业 + 养殖户"模式下稳定的价格波动区间为 $[-E_2 - \theta - b^*, E_1 + \theta + a^*]$，即当生猪产品交易价格的波动幅度一旦偏离了区间 $[-E_2 - \theta - b^*, E_1 + \theta + a^*]$，生猪企业或生猪养殖户便会有一方出现退出生猪产业"企业 + 养殖户"模式的动机和行为。

第四节 生猪产业"企业 + 养殖户"模式稳定性及其影响因素分析

一 生猪产业"企业 + 养殖户"模式下的履约率

假定生猪产品市场价格在契约价格 P_c 上下以幅度 X 波动，且

$X \sim N(\mu, 1)$，其分布函数为 $F(x)$，其中，$\varphi(x) \sim N(0, 1)$ 的标准正态分布，生猪产业"企业 + 养殖户"模式契约履约的概率为 η，违约的概率为 p，根据生猪产业"企业 + 养殖户"模式契约的均衡（违约，履约）的条件 $x > E_1 + \theta + a^*$ 和（履约，违约）的条件 $-E_2 - \theta - b^* \leqslant x < 0$ 得：

$$p = prob(x > E_1 + \theta + a^*) + prob(x < -E_2 - \theta - b^*) \qquad (10.15)$$

$$\eta = 1 - p = \Phi(E_1 + \theta + a^* - \mu) + \Phi(E_2 + \theta + b^* + \mu) - 1$$

$$\qquad (10.16)$$

由式（10.15）和式（10.16）可以看出，期望值 μ，生猪产业"企业 + 养殖户"模式节省的交易费用 E_1、E_2，违约金 θ，以及生猪企业及生猪养殖户长期合作的期望得益 a^*、b^* 是影响生猪产业"企业 + 养殖户"模式稳定性的关键参数，现基于以上参数对生猪产业"企业 + 养殖户"模式的稳定性进行进一步分析。

二　生猪产业"企业 + 养殖户"模式稳定性影响因素分析

（一）期望值 μ 对生猪产业"企业 + 养殖户"模式稳定性的影响

由 $\eta = \Phi(E_1 + \theta + a^* - \mu) + \Phi(E_2 + \theta + b^* + \mu) - 1$

得：

$$\eta = \frac{1}{\sqrt{2\pi}} \left(\int_{-\infty}^{E1+\theta+a^*-\mu} e^{-\frac{t^2}{2}} dt + \int_{-\infty}^{E2+\theta+b^*+\mu} e^{-\frac{t^2}{2}} dt \right) - 1$$

$$\frac{\partial \eta}{\partial \mu} = \frac{1}{\sqrt{2\pi}} \left[-e^{-\frac{(E1+\theta+a^*-\mu)^2}{2}} + e^{-\frac{(E2+\theta+b^*+\mu)^2}{2}} \right]$$

令 $\frac{\partial \eta}{\partial \mu} = 0$，则有：

此时，

$$\frac{\partial^2 \eta}{\partial^2 \mu} < 0$$

因此，当 $\mu = \frac{E_1 - E_2 + a^* - b^*}{2}$ 时，得到最大值：

$$\eta = \Phi\left(\theta + \frac{E_1 + E_2 - a^* + b^*}{2}\right) + \Phi\left(\theta + \frac{E_1 + E_2 + a^* - b^*}{2}\right) - 1$$

通过分析发现，生猪产品交易的最佳约定价格并非生猪产品的市场价格，而是交易双方在公平基础上进行博弈后双方都能接受的价格。即 μ 并不一定要为零，虽然此时生猪产品交易价格与市场交易价格相似，但此时契约是固定的，而市场却在不断地变化，有机会主义倾向的人将退出生猪产业“企业 + 养殖户”模式，此时契约的履约率并非最大值。μ 是基于生猪产业“企业 + 养殖户”双方所节省的交易费用和长期合作的期望得益，即交易费用及合作期望得益较大的一方应当在生猪产品交易的过程中给予对方一定的补偿。如生猪企业在生猪产业“企业 + 养殖户”模式下节约的交易费用和长期合作期望更大，即 $E_1 + a^* - E_2 - b^* < 0$，此时，$\mu = (E_1 + a^* - E_2 - b^*)/2 < 0$，即生猪产品的市场交易价格均值小于生猪产业“企业 + 养殖户”模式下的生猪产品交易价格，生猪企业应当让生猪养殖户均分在生猪产品交易过程中比生猪养殖户多得的利益（$E_2 + b^* - E_1 - a^*$）使生猪产业“企业 + 养殖户”模式更加稳定。

（二）交易费用、违约金及企业与生猪养殖户双方长期合作预期得益对农地流转契约稳定性的影响

由

$$\eta = \frac{1}{\sqrt{2\pi}}\left(\int_{-\infty}^{E1+\theta+a^*-\mu} e^{-\frac{t^2}{2}}dt + \int_{-\infty}^{E2+\theta+b^*+\mu} e^{-\frac{t^2}{2}}dt\right) - 1$$

得：

$$\frac{\partial \gamma}{\partial E_1} = \frac{1}{\sqrt{2\pi}} e^{-\frac{(E1+\theta+a^*-\mu)^2}{2}} > 0$$

$$\frac{\partial \eta}{\partial E_2} = \frac{1}{\sqrt{2\pi}} e^{-\frac{(E2+\theta+b^*+\mu)^2}{2}} > 0$$

$$\frac{\partial \eta}{\partial \varepsilon} = \frac{1}{\sqrt{2\pi}}\left[e^{-\frac{(E1+\theta+a^*-\mu)^2}{2}} + e^{-\frac{(E2+\theta+b^*+\mu)^2}{2}}\right] > 0$$

$$\frac{\partial \eta}{\partial a^*} = \frac{1}{\sqrt{2\pi}} e^{-\frac{(E1+\theta+a^*-\mu)^2}{2}} > 0$$

$$\frac{\partial \eta}{\partial b^*} = \frac{1}{\sqrt{2\pi}} e^{-\frac{(E2+\theta+b^*+\mu)^2}{2}} > 0$$

得 η 为 E_1、E_2、θ、a^*、b^* 的增函数。因此，生猪产业"企业 + 养殖户"模式为生猪企业、生猪养殖户节约的费用 E_1、E_2，违约金 ψ，以及长期合作偏好 a^*、b^* 的提高有利于生猪产业"企业 + 养殖户"模式稳定性的增加。

通过以上分析可知，生猪企业与生猪养殖户利益共享的分配机制、交易费用的降低、契约约束机制的增强以及交易双方信誉机制的建立都有利于生猪产业"企业 + 养殖户"模式稳定性的提高。

第五节　生猪产业"企业 + 养殖户"模式优化

生猪产业"企业 + 养殖户"模式的稳定性虽然与生猪产业"企业 + 养殖户"模式为生猪养殖户和生猪企业节约的交易费用 E_1、E_2、法律约束 θ 以及交易双方的长期合作期望得益 a^*、b^* 有着密切关系，但市场风险的存在是导致生猪产业"企业 + 养殖户"模式出现违约的根本原因。通过上面的分析可知，当生猪产品市场交易的价格波动幅度一旦偏离区间 $[-E_2-\theta-b^*, E_1+\theta+a^*]$ 时，就会有一方出现违约动机和行为。当然，利益共享的分配机制、生猪产品交易费用的降低、契约约束机制的增强以及交易双方信誉机制的建立都有利于生猪产业"企业 + 养殖户"模式稳定性的提高，但难以从根本上解决问题，这是因为，它无法从根本上解决生猪产品交易过程中的风险问题。因此，利用现代金融市场形成的较为完善的、开放的风险转移和分散机制，将生猪产业"企业 + 养殖户"模式的经营风险在金融市场上进行有效化解是解决生猪产业"企业 + 养殖户"模式违约问题的关键。

一　生猪产业"企业+养殖户"期货交易模式

期货具有风险规避功能，由于传统的生猪产业"企业+养殖户"模式下养殖户通过契约把生猪产品价格风险转移给生猪企业，生猪企业很多时候难以承担这样的风险，因此，生猪企业可以借助期货市场进行风险规避。同时，由于小规模生猪养殖户受到相关专业知识的限制，而且小规模生猪养殖户单独直接参加期货市场的交易费用也相对较高。因此，生猪产业"企业+养殖户"期货交易模式就是生猪企业和生猪养殖户在签订一份生猪产品远期合约的同时，生猪企业再到期货市场上对该合约进行套期保值。

假定单位生猪产品交易合同卖期保值手续费为 K，$K < E_2$（当 $K > E_2$ 时，生猪企业不会参与生猪产业"企业+养殖户"期货交易模式），$F > K$。生猪企业在和生猪养殖户签订契约后，其参与了期货市场的套期保值，不存在基差风险，即生猪产品的现货价格变动和生猪产品的期货价格变动一致，生猪产品合同收购价为签订契约时（履约时的前一期）的市场价格。设生猪企业在 T = 2 到 T = n 期的合同交易并进行期货套期保值的得益为 π_{f2}。其中：

$$\pi_{f2} = \sum_{i=2}^{n} \frac{(F-K)Q}{(1+r)^{i-1}}$$

生猪企业和生猪养殖户的得益矩阵如表 10-3 所示。

表 10-3　　　**T = 2 时生猪企业和生猪养殖户在生猪产业**

"企业+养殖户"期货交易模式下的得益矩阵

FA ＼ FB	履约 O	违约 D
履约 O	$(P_c - \varpi)Q + \pi_{C1}$, $\ Q(F-K) + \pi_{f2}$	$(P_m - \varpi - E_1 + \theta)Q + \pi_{m1}$, $Q(F - E_2 - \theta) - x + \pi_{m2}$
违约 D	$(P_m - \varpi - E_1 - \theta)Q + \pi_{m1}$, $Q(F - K - x - E_2 + \theta) + \pi_{f2}$	$(P_m - \varpi - E_1)Q + \pi_{m1}$, $Q(F - K - x - E_2) + \pi_{m2}$

（1）当 x≥0 时，由式（10.17）及假设条件 $F < W_2$ 得：

设

$$\nu = \pi_{f2} - \pi_{m2} = \sum_{i=2}^{n} \frac{(F-K)Q}{(1+r)^{i-1}} - \sum_{i=2}^{n} \frac{(F-E_2)Q}{(1+r)^{i-1}} \qquad (10.17)$$

$$u_{FB}(i=1)(\nu) = Q\sum_{i=2}^{n} \frac{E_2 - K}{(1+r)^{i-1}} > 0 \qquad (10.18)$$

由表 10-3 和式（10.18）得：

$$u_{FB}(O_{FB}, D_{FA}) - u_{FB}(D_{FB}, D_{FA}) = (x + E_2 + \theta)Q +$$

$$Q\sum_{i=2}^{n} \frac{E_2 - K}{(1+r)^{i=1}}$$

$$u_{FB}(O_{FB}, D_{FA}) - u_{FB}(D_{FB}, D_{FA}) = \theta Q + Q\sum_{i=2}^{n} \frac{E_2 - K}{(1+r)^{i=1}} > 0$$

$$(10.19)$$

综合式（10.21）和式（10.19），有：

$$u_{FB}(O_{FB}, S_{FA}) > u_{FB}(D_{FB}, S_{FA}) \qquad (10.20)$$

即履约为生猪企业的占优战略。此时，由表 10-2 和式（10.8）、式（10.10）、式（10.11），有：

$$u_{FB}(D_{FB}, O_{FA}) - u_{FB}(O_{FB}, O_{FA}) = (-x - E_2 - \theta)Q - Qb' \leqslant$$

$$[P_c - E_2 - \theta]Q - Qb' < 0 \qquad (10.21)$$

从而得生猪养殖户的违约区间为：

$$x \in [E_1 + \theta + a^*, +\infty]$$

（2）当 $P_m - P_c = x < 0$ 时，

由表 10-3 和式（10.7）、式（10.8）、式（10.9）得：

$$u_{FA}(O_{FA}, O_{FB}) - u_{FA}(D_{FA}, O_{FB}) = (-x + E_1 + \theta)Q + a^* Q > 0$$

$$(10.22)$$

$$u_{FA}(O_{FA}, O_{FB}) - u_{FA}(D_{FA}, O_{FB}) = \theta Q + a^* Q > 0 \qquad (10.23)$$

综合式（10.22）和式（10.23），有：

$$u_{FB}(O_{FB}, S_{FA}) > u_{FB}(D_{FB}, S_{FA}) \qquad (10.24)$$

即 $P_m - P_c = x < 0$ 时，履约为生猪养殖户的占优战略，此时，由

表 10 – 4 和式（10.17）、式（10.18）得：

$$u_{FB}(O_{FB}, D_{FA}) - u_{FB}(O_{FB}, O_{FA}) = (-x - E_2 - \theta)Q + Q\sum_{i=2}^{n}\frac{E_2 - K}{(1+r)^{i=1}}$$

$$(10.25)$$

令 $\sum_{i=2}^{n}\dfrac{W_2 - K}{(1+r)^{i-1}} = b'$，得：

$$u_{FA}(D_{FA}, O_{FB}) - u_{FA}(O_{FA}, O_{FB}) = (x - E_1 - \theta)Q + a^*Q \quad (10.26)$$

P_m 为非负数，得 $\min(x) = \min(P_m - P_c) = -P_c$，在生猪企业稳定当期（T = 1）得益为 Q(F – T) 和稳定生猪产品货源的情况下，生猪企业会考虑长时间的合作，此时 n 将足够大，则 b′ 将足够大，由式（10.25）和式（10.26）则有：

$$u_{FB}(D_{FB}, D_{FA}) - u_{FB}(O_{FB}, O_{FA}) = (-x - E_2 - \theta)Q + Qb' \leqslant$$
$$[-\min(x) - E_2 - \theta]Q - Qb' \quad (10.27)$$

则履约也为生猪企业的占优战略，因此，（履约，履约）为生猪养殖户和生猪企业的均衡解。

综上所述，生猪产业"企业 + 养殖户"期货交易模式一定程度上遏制了生猪企业的违约行为，但是，生猪养殖户违约的风险依旧存在。这是因为，生猪产业"企业 + 养殖户"期货交易模式和生猪产业"企业 + 养殖户"模式在风险防范方面有着共同的特征——对未来交易结果的锁定，使生猪养殖户机会主义行为依然存在。因此，该模式存在进一步优化的需求。

二　生猪产业"企业 + 养殖户"期权交易模式

期权理论衍生于期货概念，因其有较好的风险规避功能被国内外学者所青睐。现代期权理论产生于 1973 年，在此后得到了逐步的完善和发展，获得了广泛的应用。期权是指买方向卖方支付一定的权利金（期权价）而拥有的，在未来一段时间内（指美式期权）或未来某一特定时期（指欧式期权），以协议的价格（执行价格）向期权卖方购买或出售一定数量特定标的物的权利，但却不负有必须买进或卖出的义务。

　　生猪产业"企业 + 养殖户"期权交易模式即生猪企业签订具有期权性质的最低保护价格远期合约的同时，利用期权工具对合约进行套期保值，生猪养殖户支付一定的权利金；生猪养殖户通过生猪企业购进猪肉产品看跌期权（保护价为签订合约时生猪产品交易的市场价格）。通过引入期权这一有效的金融衍生工具，生猪养殖户最大可预见损失为期权费，却可以享受生猪产品价格上涨所获得的收益，而生猪企业则可以利用生猪养殖户的期权费到期权市场上进行相应套期保值把风险控制在一定的范围内。

　　假定生猪养殖户通过生猪企业到期权市场上进行套期保值的期权费为 C，不存在基差风险，即生猪产品的现货价格变动和期货价格变动一致，且契约约定的生猪产品交易价格为签约时（T = 0）的市场交易价格，生猪企业单方面违约时，需要全额归还生猪养殖户所缴纳的期权费。生猪产业"企业 + 养殖户"模式交易双方在 T = 1 时考虑长期得益，得到在生猪产业"企业 + 养殖户"期权交易模式下合作履约当期（T = 1）生猪养殖户的得益为：

$$\pi_1 = \begin{cases} (P_c - \varpi - C)Q, & P_c > P_m \\ (P_m - \varpi - C)Q, & P_c < P_m \end{cases}$$

生猪企业的当期得益为：NQ

生猪养殖户单方面违约当期得益为：

$$(P_m - \varpi - C - E_1 - \theta)Q$$

生猪企业单方面违约的当期得益为：

$$Q(F - C - E_2 - \theta) + \max(0, P_c - P_m)$$

生猪养殖户在 T = 2 到 T = n 期在生猪产业"企业 + 养殖户"期权交易模式下履约得益为：

$$\pi_{O1} = \sum_{i=2}^{n} \frac{\pi_i}{(1 + r)^{i-1}}$$

式中，π_i 为生猪养殖户在生猪产业"企业 + 养殖户"期权交易模式下第 i 期的得益。

生猪企业在 T = 2 到 T = n 期在生猪产业"企业 + 养殖户"期权

交易模式下履约得益为：

$$\pi_{O2} = \sum_{i=2}^{n} \frac{FQ}{(1+r)^{i-1}}$$

得到生猪产业"企业 + 养殖户"期权交易模式下生猪企业和生猪养殖户得益的博弈矩阵如表10-4所示。

表10-4 T=1时点生猪交易双方在生猪产业"企业 + 养殖户"
期权交易模式中考虑长期得益的博弈矩阵

FB \ FA	履约 O	违约 D
履约 O	$\pi_1 + \pi_{o1}$，$QF + \pi_{o2}$	$(P_m - \varpi - E_1 + \theta)Q + \pi_{o1}$，$Q(F - C - E_2 - \theta) + \max(0, P_c - P_m) + \pi_{m2}$
违约 D	$(P_m - \varpi - C - E_1 - \theta)Q + \pi_{m1}$，$Q(F - E_2 + \theta) + Q\max(0, P_c - P_m) + \pi_{o1} + \pi_{o2}$	$(P_m - C - \varpi - E_1)Q + \pi_{m1}$，$Q(F - E_2) + Q\max(0, P_c - P_m) + \pi_{m2}$

在 T = i 时，生猪企业选择通过生猪产业"企业 + 养殖户"期权交易模式和生猪养殖户签订契约，同理，有：

$$u_{FA}(T=i)(\pi_{o1})_{T=i+1} \geqslant u_{FA}(T=i)(\pi_{m1})_{T=i+1} \tag{10.28}$$

由表10-4及式（10.28）得：

$$u_{FA}(O_{FA}, O_{FB}) - u_{FA}(D_{FA}, O_{FB}) = u_{FA}[\pi_1 - (P_m - \varpi - C - \theta)]Q + u_{FA}(\pi_{O1} - \pi_{m1}) > 0 \tag{10.29}$$

$$u_{FA}(O_{FA}, D_{FB}) - u_{FA}(D_{FA}, D_{FB}) = u_{FA}[(\theta + C)Q] + u_{FA}(\pi_{O1} - \pi_{m1}) > 0 \tag{10.30}$$

综合式（10.29）和式（10.30），可得：

$$u_{FB}(O_{FB}, S_{FA}) > u_{FB}(D_{FB}, S_{FA}) \tag{10.31}$$

即无论 x 如何变化，履约为生猪养殖户的占优战略。此时，由表10-4得：

$$u_{FB}(O_{FB}, O_{FA}) - u_{FB}(D_{FB}, O_{FA}) = u_{FB}[(E_2 + \theta + C)Q + \pi_{o2} -$$

$$\pi_{m2} - Q\max(0, P_c - Pm)]$$

$$= (E_2 + \theta + C)Q - Q$$

$$\max(0, P_c - P_m) + u_{FB}(\pi_{o2} - \pi_{m2}) \tag{10.32}$$

又因为 $\pi_{o2} = \sum\limits_{i=2}^{n} \dfrac{FQ}{(1+r)^{i-1}}$，联合式（10.1）得：

$$u_{FB}(\pi_{o2} - \pi_{m2}) = u_{FB}\left[\sum_{i=2}^{n} \frac{FQ}{(1+r)^{i-1}} - \frac{(F - E_2)Q}{(1+r)^{i-1}} \right]$$

$$= u_{FB}\left[\sum_{i=2}^{n} \frac{E_2 Q}{(1+r)^{i-1}} \right]$$

$$= \sum_{i=2}^{n} \frac{E_2 Q}{(1+r)^{i-1}} \tag{10.33}$$

由式（10.32）和式（10.33）得：

$$u_{FB}(O_{FB}, O_{FA}) - u_{FB}(D_{FB}, O_{FA}) = (E_2 + \theta + C)$$

$$Q + \sum_{i=2}^{n} \frac{E_2 Q}{(1+r)^{i=1}} - Q\max(0, P_c - Pm) \geqslant (E_2 + \theta + C)$$

$$Q + \sum_{i=2}^{n} \frac{E_2 Q}{(1+r)^{i=1}} - Q\max[\max(0, P_c - Pm)] =$$

$$(E_2 + \theta + C)Q + \sum_{i=2}^{n} \frac{E_2 Q}{(1+r)^{i=1}} - QP_c \tag{10.34}$$

在生猪企业稳定当期（T = 1）得益为 QN 和稳定生猪产品稳定供应的情况下，生猪企业将会考虑长时间的合作，此时 n 将足够大，由式（10.34）得：

$$(E_2 + \theta + C)Q + \sum_{i=2}^{n} \frac{E_2 Q}{(1+r)^{i-1}} - QP_c > 0 \tag{10.35}$$

联立式（10.34）和式（10.35）得：

$$u_{FB}(O_{FB}, O_{FA}) - u_{FB}(D_{FB}, O_{FA}) \geqslant (E_2 + \theta + C)Q +$$

$$\sum_{i=2}^{n} \frac{E_2 Q}{(1+r)^{i-1}} - QP_c > 0 \tag{10.36}$$

即履约为生猪企业的占优战略。在生猪产业"企业 + 养殖户"

期权交易模式下，（履约，履约）为生猪养殖户和生猪企业的均衡解。因此，无论 x 如何变化，（履约，履约）都将为生猪养殖户和生猪企业的均衡解。而且生猪产业"企业＋养殖户"期权交易模式帮助生猪养殖户规避了市场风险，稳定了生猪养殖户的得益 P_c － ϖ － C，且生猪养殖户享有生猪产品价格上升的风险利益。而生猪企业在生猪产业"企业＋养殖户"期权交易模式下锁定了收益 QN，稳定了生猪产品的供应，有利于提升生猪企业的经营效率。从根本上遏制了企业和养殖户的违约行为，有效地解决了企业和养殖户的风险和违约问题。

第六节　数值分析

一　问题描述和农地流转契约的违约区间

考虑一猪肉加工企业和生猪养殖户在 T＝0 时签订了一份生猪交易契约。猪肉加工企业和生猪养殖户此时考虑违约和履约的得益，从而选择违约或履约策略。此时，猪肉加工企业和生猪养殖户不仅仅需要考虑 T＝1 时的得益，同时，还需要考虑 T＝2 到 T＝n＝20 的得益。考虑交易双方依靠生猪产业"企业＋养殖户"模式交易契约进行单位生猪产品交易生猪养殖户可节约的交易费用 E_1＝2 元，猪肉加工企业可节约的交易费用 E_2＝3 元；生猪产品契约交易价格为 P_c＝20 元/千克，生猪产品市场交易价格在契约交易价格 P_c＝20 元/千克上下以幅度 X 波动 $\{x \in [-20, \infty)\}$，单位生猪产品违约金 θ＝2 元，合同交易量 Q＝200 千克，交易时猪肉市场交易价格为 P_m；猪肉加工企业以市场交易价格在 T＝1 时按契约交易每千克猪肉经过加工之后可收取的纯利润为 F＝5 元；生猪养殖户每生产 1 千克猪肉并和加工企业签订契约的总成本为 ϖ＝18 元（包括机会成本），贴现率为 r＝2.5%；P_i 为 T＝i 时猪肉交易的市场价格。

（1）当 $P_m - P_c$＝x≥0 时，令

$$u_{FB}(T=i)(F+P_i-P_c)_{T=i+1} \geqslant u_{FB}(T=i)(F-E_2)_{T=i+1}$$
$$= u_{FB}(bT=i)=b=0.4(元)$$

由式（10.5）得：

$$u_{FB}(O_{FB},O_{FA})-u_{FB}(D_{FB},O_{FA})=(x+E_2+\theta)Q+Q\sum_{i=2}^{n}\frac{1}{(1+r)^i}$$

$$b>0=(x+3+2)\times 200+200\times\sum_{i=2}^{20}\frac{0.4}{(1.025)^i}$$

又因为 $P_m-P_c=x\geqslant 0$，则：

$$(x+3+2)\times 200+200\sum_{i=2}^{20}\frac{0.4}{(1.025)^i}>0$$

由式（10.5）得：

同理，令式（10.9）

$$\sum_{i=2}^{n}\frac{1}{(1+r)^{i-1}}a=a^*\approx 3（元）$$

由式（10.9）得：

$$u_{FA}(T=i)(P_c-\varpi)_{(T=i+1)}-u_{FA}(T=i)(P_i-\varpi-E_1)_{T=i+1_{FA}}$$
$$(T=i)(\alpha T=i)=\alpha=0.2（元）$$

得

$$u_{FA}(D_{FA},O_{FB})-u_{FA}(O_{FA},O_{FB})=(x-5)\times 200-a^*\times 200$$
$$=(x-5)\times 200-3\times 200$$
$$=(x-8)\times 200$$

当 x>8 时，生猪养殖户的占优策略是违约，（违约，履约）是生猪养殖户和猪肉加工企业的均衡解。即当猪肉市场交易价格波动的上涨幅度比生猪养殖户在生猪产业"企业＋养殖户"期权交易模式所节省的交易费用、违约金以及长期合作偏好值总和大时，生猪养殖户便会违约；反之，生猪养殖户便会履行契约。

（2）当 $P_m-P_c=x<0$ 时，由式（10.14）$u_{FB}(O_{FB}.S_{FA})-u_{FA}$（$D_{FB}.S_{FA}$），即 Pm－Pc＝x＜0 时，履行契约为生猪养殖户的占优策略。此时，$u_{FB}(D_{FB},O_{FA})-u_{FB}(O_{FB},O_{FA})=(-x-E_2,-\theta)Q-$

$$Q \sum_{j=1}^{n-1} \frac{1}{(1+r)^{i-1}} b \approx (-x-11) \times 200$$

当 $-20 \leqslant x < -11$ 时，

$$u_{FB}(D_{FB}, O_{FA}) - u_{FB}(O_{FB}, O_{FA}) = (-x - E_2 - \theta)Q -$$

$$Q \sum_{j=1}^{n-1} \frac{1}{(1+r)^{i-1}} b > 0$$

即猪肉加工企业的占优策略是违约，（履约，违约）是生猪养殖户和猪肉加工企业的均衡解。

当 $-11 \leqslant x < 0$ 时，

$$u_{FB}(D_{FB}, O_{FA}) - u_{FB}(O_{FB}, O_{FA}) = (-x - E_2 - \theta)Q -$$

$$Q \sum_{j=1}^{n-1} \frac{1}{(1+r)^{i-1}} b < 0$$

即猪肉加工企业的占优策略是履约，（履约，履约）是生猪养殖户和猪肉加工企业的均衡解。即当生猪产品市场交易价格波动的下跌幅度比猪肉加工企业在生猪产业"企业 + 养殖户"模式下所节省的交易费用、违约金和农地流入方长期合作偏好值总和还大时，猪肉加工企业就会违约；相反，猪肉加工企业就会遵守契约。

$$u_{FB}(O_{FB}, D_{FA}) - u_{FB}(D_{FB}, D_{FA}) = \theta Q + Q \sum_{i=2}^{n} \frac{1}{(1+r)^i} b$$

$$= 2 \times 200 + 200 \times \sum_{i=2}^{20} \frac{0.4}{(1.025)^i}$$

$$\approx 1600 > 0$$

综上所述，得到生猪养殖户违约价格波动区间（8，$+\infty$），猪肉加工企业违约的价格波动区间（-20，-11）。从而得到生猪产业"企业 + 养殖户"模式稳定的价格波动区间（-11，8），当生猪产品市场交易价格波动幅度偏离了区间（-11，8）时，便会有一方有违约动机和行为。

二　生猪产业"企业 + 养殖户"期货交易模式博弈

假定单位合同规定的生猪产品卖期保值手续费为 K = 0.014 元，猪肉加工企业在和生猪养殖户签订契约后参与了期货市场的套期保值，不存在基差风险，即生猪产品现货价格变动与期货价格变动一致，生猪产品合同收购价为签约时的市场价格。

（1）当 $P_m - P_c = x \geq 0$ 时，由式（10.23）

$$u_{FB}(O_{FB}, S_{FA}) > u_{FB}(D_{FB}, S_{FA})$$

即履约为猪肉加工企业的占优战略。

由式（10.24）得到生猪养殖户的违约区间为 $x \in [8 + \infty]$。

$$u_{FA}(D_{FA}, O_{FB}) - u_{FA}(O_{FA}, O_{FB}) = (x - E_1 - \theta)Q - a^*Q$$

（2）当 $P_m - P_c = x < 0$ 时，由式（10.27）得：

$$u_{FB}(D_{FB}, O_{FA}) - u_{FB}(D_{FB}, O_{FA}) = (-x - E_2 - \theta)Q - Qb' \leq$$
$$(20 - 5) \times 200 - 200 \times 45 = -6000（元） < 0$$

即履约也为猪肉加工企业的占优战略，因此，在生猪产业"企业 + 养殖户"期货交易模式中，当 $P_m - P_c = x < 0$ 时，（履约，履约）为生猪养殖户和猪肉加工企业的均衡解。

综上所述，生猪产业"企业 + 养殖户"期货交易模式稳定的价格波动区间为（-20，8），当生猪产品价格的波动区间偏离了该区间，生猪养殖户就有违约动机和行为。因此，该模式需要进一步优化。

三 生猪产业"企业 + 养殖户"期权交易模式博弈

考虑生猪养殖户通过猪肉加工企业到期权市场上进行套期保值，保值的每千克生猪产品的期权费为 $C = 0.6$ 元，不存在基差风险，生猪产品契约合同交易价钱为签约（$T = 0$）时的市场交易价格，猪肉加工企业单方面违约时，需要全额归还生猪养殖户所缴纳的期权费。流转双方在 $T = 1$ 时考虑长期得益。

由式（10.34）$u_{FB}(O_{FB}, S_{FA}) > u_{FB}(D_{FB}, S_{FA})$，即无论 x 如何变化，履约为生猪养殖户的占优战略。

在生猪养殖户稳定当期得益为 QF 和稳定销路的情况下，生猪养殖户将会考虑长时间合作。

根据式（10.29）得：

$$u_{FB}(O_{FB}, O_{FA}) - u_{FB}(D_{FB}, O_{FA}) \geq (E_2 + \theta + C)Q +$$

$$\sum_{i=2}^{n} \frac{E_2 Q}{(1+r)^{i-1}} - QP_c = (3 + 2 + 0.6) \times 200 +$$

$$\sum_{i=2}^{20} \frac{3 \times 200}{1.025^{i-1}} - 200 \times 20 \approx 6120(元) > 0$$

即在生猪产业"企业 + 养殖户"期权交易模式下，猪肉加工企业和生猪养殖户在稳定得益的情况下，猪肉加工企业履约得益高出违约得益 6120 元。即在生猪产业"企业 + 养殖户"期权交易模式下，（履约，履约）为生猪养殖户和猪肉加工企业的均衡解。此时，根据表 10 - 4，我们发现，生猪养殖户和猪肉加工企业的即期得益分别为：

生猪养殖户即期得益为：

$$\pi_1 = \begin{cases} (P_c - \varpi - C)Q, & P_c > P_m \\ (P_m - \varpi - C)Q, & P_c < P_m \end{cases}$$

$$= 480(元)$$

猪肉加工企业即期得益为：

$$FQ = 1000（元）$$

因此，无论 x 怎么变化，（履约，履约）为生猪养殖户和猪肉加工企业的均衡解。而且生猪产业"企业 + 养殖户"期权交易模式帮助生猪养殖户规避了市场风险，稳定了生猪养殖户的得益。猪肉加工企业则在生猪产业"企业 + 养殖户"期权交易模式下锁定了收益 1000 元。从根本上遏制了生猪产业中企业与农户合作的违约行为，有效地解决了生猪产业中企业与农户合作的风险和违约问题。

第七节　结语

生猪产业"企业 + 养殖户"模式是生猪产业稳定发展的重要运行模式，是生猪养殖户和企业进行有机结合、构建现代生猪产业体系、维护养殖户利益的有效方式。该模式中，生猪养殖户与企业之间的违约问题会造成企业与养殖户双方的利益严重受损，严重影响生猪养殖业的发展，影响了我国"乡村振兴"战略的实施。本章以静态博弈模型为基础，通过对生猪产品交易价格偏离契约执行价格的幅度以及违背生猪产业"企业＋养殖户"模式交易契约可能造成的成本间的权衡，得出生猪企业和生猪养殖户的履约区间及相关因素对生猪产业"企业＋养殖户"模式稳定性的影响。通过分析可知，生猪产业供求双方利益共享的分配机制、合作交易费用的降低、合作契约约束机制的增强以及交易双方信誉机制的建立都有利于生猪产业"企业＋养殖户"模式稳定性的提高，但难以从根本上遏制违约事件的发生。生猪产业"企业＋养殖户"期货交易模式能解决生猪企业的违约问题，但是，没能解决生猪养殖户的违约问题。生猪产业"企业＋养殖户"期权交易模式锁定了生猪企业未来的收益，稳定了生猪产品货源，提高了企业的运行效率；通过支付一定期权权利金，使生猪养殖户能够有效规避市场风险的同时享受生猪产品价格上升带来的利益；而生猪企业则能在保证稳定货源的同时提高收益，提高企业经营效率。

　　然而，资产专用性是以商品契约为基础的生猪产业"企业＋养殖户"模式的一个重要问题，但是，本章在对生猪产业"企业＋养殖户"经营模式稳定性问题进行研究时没有进行专门的探讨；同时，当存在基差风险时，生猪企业利用期货、期权进行套期保值规避风险时，需要考虑套期保值比的问题。本章在对其进行研究和模型构建时，是假设在不存在基差风险的情况下进行的，这些都将成为下一步研究的重点。

第十一章 生态能源系统的自组织演化

第一节 研究背景

针对农村沼气工程系统的系统复杂性，许多学者将系统工程学理论、系统动力学方法（SD）和其他学科的相关理论方法进行集成创新，致力于农村沼气工程问题的研究。系统动力学方法是由美国麻省理工学院福雷斯特（Jay W. Forrester）教授创立的，是研究复杂系统的有效工具。在国内农村户用沼气的研究中，贾仁安团队立足于系统工程理论系统动力学复杂性反馈理论对农村生猪规模养殖的生态能源循环系统进行研究，得出了一系列成果，其提出的生猪规模养殖生态能源系统在实践中实现了政府、养殖企业和农户的"三赢"，得到了国家的大力支持。

上述研究对我国农村沼气工程的发展产生了积极影响，尤其是生猪规模养殖生态能源系统的相关研究，实现了运用系统等理论服务"三农"的集成创新研究，但该系统是经济社会发展系统，会随着经济社会的发展而演变，在新形势下仍存在许多需要深入研究的地方。近年来，随着种养业规模化发展、城镇化步伐的加快、农村生活用能的日益多元化和便捷化、农民对生态环保的要求更加迫切，农村沼气建设与发展的外部环境发生了很大变化。农村地区中小型沼气工程存在整体运行不佳、多数亏损、长期可持续运营能力较低、闲置严重等问题。这些问题的产生是生态能源系统有序性逐渐减弱的表现。系统的有序性包含诸多层次，如物理上的不变性、稳定性，本性层次的规定性等。决定论观念则把有序性看作抽象的、客观的和最高的存在，表示为稳定性、规则性等。自组织理论是研究系统如何自动地由无序走向有序，是研究系统有序性演化的重要方法。A. G. Lvakhnenko 认为，自组织理论是解决系统问题最有效的数学模型之一。哈肯（H. Haken）将自组织定义为系统按照相互默契的某种观念，协调自动地形成有序结构。

系统动力学理论是研究结构复杂性问题的有效工具，自组织理论则是研究系统有序性演化的重要方法，本章针对生猪规模养殖生态能源系统有序性减弱的现状，将研究系统结构复杂性的系统动力学理论与研究系统有序性演化的自组织理论进行结合，实现对系统结构复杂性和系统有序性演化的有机集成研究，以期得出生猪规模养殖生态能源系统有序性演化管理对策，为国家沼气工程政策的制定提供决策依据与实践指导。

第二节 生猪规模养殖生态能源系统问题分析

一 生猪规模养殖生态能源系统

生猪规模养殖生态能源系统包含环境、资金、技术服务、政策支持、生猪规模饲养，大中型沼气工程、户用沼气工程、种植业和庭院种植 9 个子系统，这 9 个子系统相互作用、影响，形成了系统结构复杂、具有多个变量的生猪规模养殖生态能源系统（见图 11 -1）。

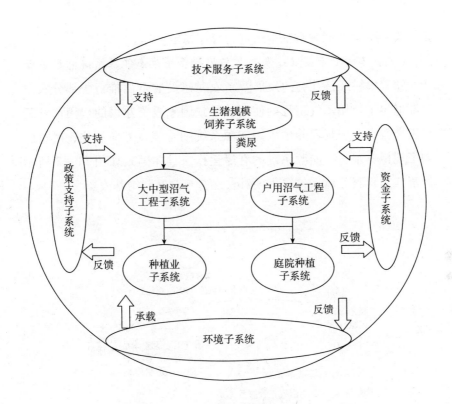

图 11 - 1　生猪规模养殖生态能源系统

直观地看，该生猪规模养殖生态能源系统实现了企业、农户和政府的"三赢"。在该系统中，生猪规模养殖企业可通过生猪规模养殖获取利润，同时又实现规模养殖废弃物的循环处理，从而避免对环境的污染，且通过大中型沼气工程解决企业用能问题以及为企业开辟了新的盈利通道；农户可通过参与该系统获得有机肥料及解决家庭用能问题；政府既能通过规模养殖企业提升当地的 GDP，同时又控制了规模养殖企业的污染，使当地百姓获得实惠，有利于当地政府正面形象和政绩的提升。

二　存在的问题

为了解生猪规模养殖生态能源系统现状，课题组对江西省 D 县生猪规模养殖生态能源系统进行了调查，结果显示，江西省 D 县生猪规模养殖生态能源系统难以进行有序稳定运作。

（一）有序性问题1：农户参与规模养殖生态能源系统意愿下降

随着农村经济社会的发展及新农村建设的全面推行，部分农户逐渐退出了户用沼气工程的使用，导致国家投资建设的户用沼气工程逐渐废弃，使规模养殖生态能源系统朝着衰减方向演化，严重影响了规模养殖生态能源系统的有序运作。具体因素如图11－2所示的沼气工程服务体系欠缺程度对农户参与意愿制约基模。

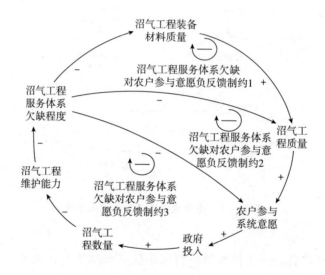

图11－2 农村沼气工程服务体系欠缺程度对农户参与意愿制约基模

注：沼气工程装备材料质量是指沼气池修建材料、沼气管道材料、沼气灶、表等装备材料。

农户参与规模养殖生态能源系统的意愿很大程度上受到沼气工程客观使用情况的影响。当沼气工程系统的服务体系较为完善之时，农户有较好的使用体验，其参与系统意愿便会增强；相反，当沼气工程服务体系欠缺程度增加时，会直接影响农户参与系统的意愿，以及加剧沼气工程装备材料质量及沼气工程质量的降低，从而再次降低农户参与规模养殖生态能源系统的意愿，使系统无序性增强，沿着衰减的方向演变。

（二）有序性问题2：政府后续投入不足

政府更重视沼气工程的修建，而在后期沼气工程的维护以及沼气工程装备材料质量的监督体系建设的投入中有所欠缺，严重影响了大中型沼气工程与户用沼气的长期使用，使系统无法向生态环境保护目标演化，进一步影响了系统的有序性（见图11－3）。

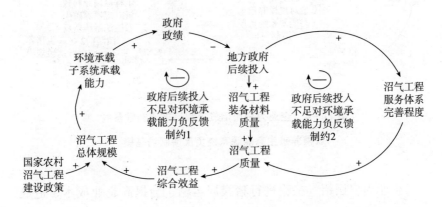

图11－3　政府后续投入不足对环境承载力负反馈制约基模

由于地方政府在生猪规模养殖生态能源系统的日常运行之中片面地重视沼气工程的"建"，而忽视沼气工程的"管"，造成后续投入中对沼气服务队伍建设、沼气产品供应商及沼气施工人员的监督制约体系建设的支持不足，使部分沼气工程出现沼气设施装备材料质量差、沼气工程服务体系不完善等问题，导致沼气工程质量下降，从而引起沼气工程综合效益的降低。

（三）有序性问题3：企业为户用沼气工程运输原料数量不足

部分农户家中废弃物难以支撑户用沼气工程运作，需要规模养殖企业提供一定的猪粪尿，但是，企业的目标是追求利润，单方面为农户提供沼气原料会使企业利润下降，从而造成企业为农户提供猪粪尿的积极性降低，降低了系统内部的协同效应，同时，因此造成沼气原料供应不足又使部分户用沼气工程难以正常有序地运行（见图 11 - 4）。

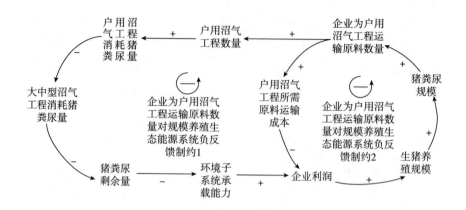

图 11 - 4   企业为户用沼气工程运输原料数量对

规模养殖生态能源系统负反馈制约基模

  企业为户用沼气工程进行猪粪尿运输，会提高企业成本，造成企业利润的降低，因此，企业为农户运输猪粪尿的意愿降低，减少了为户用沼气工程运输原料的数量，从而影响到部分家庭的户用沼气子系统的正常运作，家庭废弃物直接排放到环境的规模提升，造成了农村家庭环境污染。同时，当生猪养殖规模过大，生猪养殖猪粪尿规模超过了大中型沼气系统的需求时，如果户用沼气子系统的运作由于前期企业停止原料运输而受到了影响，便会降低户用沼气子系统对猪粪尿等污染物的消纳能力，使生猪规模养殖猪粪尿的剩余量上升，这部分猪粪尿难以进行有效的资源化处理，从而再次造成企业养殖环境污染。

  生猪规模养殖生态能源系统是一个具有结构复杂性的多主体、多变量动态系统。该复杂系统出现的农户参与规模养殖生态能源系统意愿下降、政府后续投入不足、企业为户用沼气工程运输原料数量不足等问题使系统沿着衰减的方向转化，是系统有序性减弱的表现。因此，生猪规模养殖生态能源系统现存问题是涉及动态系统结构复杂性以及系统有序性演化的综合问题。

第三节 系统自组织演化流率
基本入树模型构建

根据以上分析可知，生猪规模养殖生态能源系统现存问题是涉及动态系统结构复杂性以及系统有序性演化的复合问题。如何推动生猪规模养殖生态能源系统这一具有结构复杂性的动态系统向有序转化，使系统能够继续稳定运行，是必须解决的问题。自组织理论研究系统是如何自动地由无序走向有序，而系统动力学理论则关注系统的结构复杂性问题，是研究多变量复杂系统的有效方法。下面在利用自组织理论对系统进行分析的基础上，构建系统自组织演化流率基本入树模型，以实现对生猪规模养殖生态能源系统的动态系统结构复杂性与系统有序性演化的反馈仿真研究。

一 自组织理论

当一个开放系统的控制参量达到阈值时，系统会从无序状态到有序状态，并通过各种形式的信息反馈来控制和强化这种组织结果，这种现象就是系统的自组织。系统要产生自组织现象，必须满足四个条件：一是开放系统；二是远离平衡态；三是非线性作用机制；四是随机涨落。开放性包括系统对其他系统及外界环境的开放及系统内各主体间的开放，系统只有不断地与外界进行物质和能量的交换，才能发生自组织现象。系统平衡态是指系统与外界没有任何信息和物质交换的定态。系统各主体间在资源信息等方面存在差异，且其目标、结构、功能也存在不同，从而带来信息获取及学习力之间的差异，这种差异是系统远离平衡态的表现，而远离平衡态是系统出现有序结构的必要条件。非线性作用导致系统内各主体间既存在竞争又有合作，共同产生整体行为，而整体行为又反作用于各主体，使各主体间产生协同效应，这是系统形成有序结构的动因。涨落既是对处在平衡态上系统的破坏，又是维护系统在稳定平衡态上的动力。当系统处于临界点时，涨落使系统偏离定态，使系统由原有定态向耗散结构演化。

二　自组织演化

系统自组织演化的方向是内生的，系统自组织演化，就是该系统作为非线性并远离平衡态的开放系统，在外界条件达到一定阈值时，通过系统内各主体间的相互作用，在时空或功能上从旧状态向新的有序状态演变的动态过程。自组织演化动态系统可表示为：

$$\begin{cases} \dfrac{dN_1}{dt} = f_1[N_1(t),\ N_2(t),\ \cdots,\ N_m(t),\ e_1(t),\ e_2(t),\ \cdots,\ e_m(t)] \\[2mm] \dfrac{dN_2}{dt} = f_2[N_1(t),\ N_2(t),\ \cdots,\ N_m(t),\ e_1(t),\ e_2(t),\ \cdots,\ e_m(t)] \\[2mm] \vdots \\[2mm] \dfrac{dN_m}{dt} = f_m[N_1(t),\ N_2(t),\ \cdots,\ N_m(t),\ e_1(t),\ e_2(t),\ \cdots,\ e_m(t)] \end{cases}$$

$$(11.1)$$

式中，$N_i(t)(i=1,\ 2,\ \cdots,\ m)$ 是不同时间系统主体所处状态，$e_i(t)(i=1,\ 2,\ \cdots,\ m)$ 是不同时间系统内各主体间的相互作用，如系统差异性造成的主体间的竞争、系统主体间的合作、随机涨落对系统演化的影响。

三　系统自组织演化流率基本入树模型的实现

（一）系统动力学流位流率系的相关理论

定义 1：若变量满足 $L(t) = L(t - \Delta t) + \Delta L(t - \Delta t)$，其中 $\Delta > 0$，$\Delta L(t - \Delta t)$ 为从 $t - \Delta t$ 到 t 时 $L(t)$ 的增量，则 $L(t)$ 变量称为流位变量。

定义 2：若流位变量 $L(t)$ 和函数 $R_1(t)$、$R_2(t)$ 满足 $L(t) = L(t - \Delta t) + \Delta L[R_1(t - \Delta t) - R_2(t - \Delta t)]$，$\Delta t > 0$，在 t 变化范围内有 $R_i(t) \geq 0 (i=1,\ 2)$，则 $R_1(t)$ 为 $L(t)$ 的流入率，$R_2(t)$ 为 $L(t)$ 的流出率，$R_1(t)$ 和 $R_2(t)$ 统称为流率变量。

定义 3：系统问题的研究过程中，流位变量 $L_i(t)$($i=1$，…，n)和其对应的流率变量 $R_i(t)$($i=1$，…，n)的二元组的集合称为该系统的流位流率系。

命题 1：每个流位变量 $L(t)$ 与其流率 $R(t)$ 满足方程：

$$\frac{\mathrm{d}L(t)}{\mathrm{d}t} = R(t)$$

定理 1：设系统流图 $G=(Q，E，F)$中，有 m 个流位变量 $L_i(t)$($i=1$，…，m)，n 个外生变量 $E_i(t)$($i=1$，…，n)，q 个常量 $a_i(t)$($i=1$，…，q)，$L_i(t)$($i=1$，…，m)对应的流率变量为 $R_i(t)$($i=1$，…，n)，则此流位流率系的微分方程组模型为：

$$\begin{cases} \dfrac{\mathrm{d}L_1(t)}{\mathrm{d}t} R_1(t) \\[2mm] L_1(t)\mid_{t=t_0} = L_1(t_0) \\[2mm] \dfrac{\mathrm{d}L_2(t)}{\mathrm{d}t} = R_2(t) \\[2mm] L_2(t)\mid_{t=t_0} = L_2(t_0) \\ \vdots \\ \dfrac{\mathrm{d}L_m(t)}{\mathrm{d}t} = R_m(t) \\[2mm] L_m(t)\mid_{t=t_0} = L_m(t_0) \end{cases}$$

$$R_i(t) = f_i[L_1(t)，L_2(t)，\cdots，L_m(t)，E_1(t)，E_2(t)，\cdots，E_n(t)，a_1，a_2，\cdots，a_q] \tag{11.2}$$

（二）系统自组织演化流率基本入树模型的理论实现

令

$$\begin{cases} R_1(t) = f_1[L_1(t)，L_2(t)，\cdots，L_m(t)，e_1(t)，e_2(t)，\cdots，e_n(t)] \\ R_2(t) = f_2[L_1(t)，L_2(t)，\cdots，L_m(t)，e_1(t)，e_2(t)，\cdots，e_n(t)] \\ \vdots \\ R_m(t) = f_m[L_1(t)，L_2(t)，\cdots，L_m(t)，e_n(t)，e_2(t)，\cdots，e_n(t)] \end{cases}$$

$$\tag{11.3}$$

将 $L_i(t)$ 替换表示为 $N_i(t)$，则任意的自组织演化动态复制系统：

$$
\begin{cases}
F(N_1) = \dfrac{\mathrm{d}N_1}{\mathrm{d}t} = f_1[N_1(t), N_2(t), \cdots, N_m(t), \\
\qquad\qquad e_1(t), e_2(t), \cdots, e_n(t)] \\
F(N_2) = \dfrac{\mathrm{d}N_2}{\mathrm{d}t} = f_2[N_1(t), N_2(t), \cdots, N_m(t), \\
\qquad\qquad e_1(t), e_2(t), \cdots, e_n(t)] \\
\qquad\qquad \vdots \\
F(N_m) = \dfrac{\mathrm{d}N_m}{\mathrm{d}t} = f_m[N_1(t), N_2(t), \cdots, N_m(t), \\
\qquad\qquad e_1(t), e_2(t), \cdots, e_n(t)]
\end{cases}
\tag{11.4}
$$

均有：

$$
\begin{cases}
F(N_1) = \dfrac{\mathrm{d}N_1}{\mathrm{d}t} = f_1[N_1(t), N_2(t), \cdots, N_m(t), e_1(t), \\
\qquad e_2(t), \cdots, e_n(t)] = \dfrac{\mathrm{d}L_1(t)}{\mathrm{d}t} \\
N_1(t)\big|_{t=t_0} = N_1(t_0) = L_1(t)\big|_{t=t_0} = L_1(t_0)\big| \\
F(N_2) = \dfrac{\mathrm{d}N_2}{\mathrm{d}t} = f_2[N_1(t), N_2(t), \cdots, N_m(t), e_1(t), \\
\qquad e_2(t), \cdots, e_n(t)] = \dfrac{\mathrm{d}L_2(t)}{\mathrm{d}t} \\
N_2(t)\big|_{t=t_0} = N_2(t_0) = L_2(t)\big|_{t=t_0} = L_2(t_0)\big| \\
\vdots \\
F(N_m) = \dfrac{\mathrm{d}N_m}{\mathrm{d}t} = f_m[N_1(t), N_2(t), \cdots, N_m(t), \\
\qquad e_1(t), e_2(t), \cdots, e_n(t)] = \dfrac{\mathrm{d}L_m(t)}{\mathrm{d}t} \\
N_m(t)\big|_{t=t_0} = N_m(t_0) = L_m(t)\big|_{t=t_0} = L_m(t_0)\big|
\end{cases}
\tag{11.5}
$$

进而有：

定理2：任意的自组织演化动态系统。

$$
\begin{cases}
F(N_1) = \dfrac{\mathrm{d}N_1}{\mathrm{d}t} = f_1[\,N_1(t)\,,\ N_2(t)\,,\ \cdots\,,\ N_m(t)\,, \\
\qquad e_1(t)\,,\ e_2(t)\,,\ \cdots\,,\ e_n(t)\,] \\
F(N_2) = \dfrac{\mathrm{d}N_2}{\mathrm{d}t} = f_2[\,N_1(t)\,,\ N_2(t)\,,\ \cdots\,,\ N_m(t)\,, \\
\qquad e_1(t)\,,\ e_2(t)\,,\ \cdots\,,\ e_n(t)\,] \\
\qquad\qquad \vdots \\
F(N_m) = \dfrac{\mathrm{d}N_m}{\mathrm{d}t} = f_m[\,N_1(t)\,,\ N_2(t)\,,\ \cdots\,,\ N_m(t)\,, \\
\qquad e_1(t)\,,\ e_2(t)\,,\ \cdots\,,\ e_n(t)\,]
\end{cases}
$$

均可视为流位流率系下的微分方程组，其流位流率系为：

$$
\left\{\left[N_1(t)\,,\ \dfrac{\mathrm{d}N_1}{\mathrm{d}t}\right],\ \left[N_2(t)\,,\ \dfrac{\mathrm{d}N_2}{\mathrm{d}t}\right],\ \cdots\,,\ \left[N_m(t)\,,\ \dfrac{\mathrm{d}N_m}{\mathrm{d}t}\right]\right\}
$$

进一步得：

定理3：任意的自组织演化动态复制系统。

$$
\begin{cases}
F(N_1) = \dfrac{\mathrm{d}N_1}{\mathrm{d}t} = f_1[\,N_1(t)\,,\ N_2(t)\,,\ \cdots\,,\ N_m(t)\,, \\
\qquad e_1(t)\,,\ e_2(t)\,,\ \cdots\,,\ e_n(t)\,] \\
F(N_2) = \dfrac{\mathrm{d}N_2}{\mathrm{d}t} = f_2[\,N_1(t)\,,\ N_2(t)\,,\ \cdots\,,\ N_m(t)\,, \\
\qquad e_1(t)\,,\ e_2(t)\,,\ \cdots\,,\ e_n(t)\,] \\
\qquad\qquad \vdots \\
F(N_m) = \dfrac{\mathrm{d}N_m}{\mathrm{d}t} = f_m[\,N_1(t)\,,\ N_2(t)\,,\ \cdots\,,\ N_m(t)\,, \\
\qquad e_1(t)\,,\ e_2(t)\,,\ \cdots\,,\ e_n(t)\,]
\end{cases}
$$

均可视为以流率变量 $F(N_m) = \dfrac{\mathrm{d}N_m}{\mathrm{d}t}$ 为根，以流位变量 $N_m(t)$ 为尾，且流位变量和外生变量直接控制流率变量的流率基本入树模型，流率基本入树模型如图 11-5 所示。

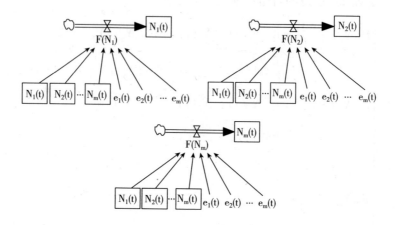

图 11 - 5　流率基本入树模型

定理 4：任意的自组织演化动态复制系统。

$$
\begin{cases}
F(N_1) = \dfrac{\mathrm{d}N_1}{\mathrm{d}t} = f_1[N_1(t),\ N_2(t),\ \cdots,\ N_m(t), \\
\qquad\qquad e_1(t),\ e_2(t),\ \cdots,\ e_n(t)] \\[2mm]
F(N_2) = \dfrac{\mathrm{d}N_2}{\mathrm{d}t} = f_2[N_1(t),\ N_2(t),\ \cdots,\ N_m(t), \\
\qquad\qquad e_1(t),\ e_2(t),\ \cdots,\ e_n(t)] \\[2mm]
\qquad\qquad\qquad\vdots \\[2mm]
F(N_m) = \dfrac{\mathrm{d}N_m}{\mathrm{d}t} = f_m[N_1(t),\ N_2(t),\ \cdots,\ N_m(t), \\
\qquad\qquad e_1(t),\ e_2(t),\ \cdots,\ e_n(t)]
\end{cases}
$$

均可建立以流率变量 $F(N_m) = \dfrac{\mathrm{d}N_m(t)}{\mathrm{d}t}$ 为根，以流位变量 $N_m(t)$ 为尾的流率基本入树模型，又称为系统自组织演化流率基本入树模型。

第四节 生猪规模养殖生态能源系统流率基本入树模型构建

一 生猪规模养殖生态能源系统自组织演化过程

生猪规模养殖生态能源系统是典型的非线性并远离平衡态的开放系统,生猪规模养殖生态能源系统内的农户、生猪养殖企业、政府通过相互作用形成一定秩序来适应生态能源系统所处的复杂环境,并将环境变化反馈到系统内部,以优化系统的基本组成成分,同时增强系统的学习和适应能力,推动农户、生猪养殖企业、政府的状态、特性、结构和功能发生转换和升级。因此,生猪规模养殖生态能源系统的自组织演化,就是该系统在外界条件达到一定阈值时,通过农户、企业、政府间的相互作用,在时空或功能上从旧状态向新的有序状态演变的动态过程。

生猪规模养殖生态能源系统中,合作与竞争的作用程度决定着生态能源系统的有序性和稳定性。合作产生于系统内农户、企业、政府等主体在创造价值环节上的相互关联,如企业为农户提供沼气原料,政府为农户提供沼气工程修建资金。冲突作用产生于系统各主体在发展上的差异,一是系统内主体间合作收益分配不对称导致的发展差异;二是各主体在资金积累、学习能力等方面不对称所导致的发展差异。在生猪规模养殖生态能源系统中,合作的作用是使农户、养殖企业、政府产生相互依存关系;竞争的主要作用是为农户、养殖企业、政府带来生存和发展的压力,以促使农户、养殖企业、政府以价值创造环节为基础协同发展。

在生猪规模养殖生态能源系统的演化过程中,应认识到农户、生猪养殖企业、政府等主体间,既有相互干扰的一面,又有相互促进的一面。在系统运行时应放大系统中的合作效应,使生猪规模养殖生态能源系统在由合作竞争导致的非平衡状态下,有益的运行模式能逐渐占据优势地位,引导系统有序演化。

二 生猪规模养殖生态能源系统的自组织动态演化系统

生猪规模养殖生态能源系统的自组织演化与生物种群的自组织演化较为相似，参考前人的研究可知，对于具有生态群落特征的系统建立自组织演化模型时多引入 Logistic 模型进行分析。

本书通过参考前人研究，基于 Logistic 模型基本原理，结合生猪规模养殖生态能源系统的演化特性及该系统的内部构成进行参数的确定，建立生猪规模养殖生态能源系统的自组织动态演化系统。生猪规模养殖生态能源系统主要包括三个主体：一是生猪规模养殖企业，为了分析方便起以能够较全面表示企业发展状况的企业利润来表示企业发展规模；二是使用沼气系统的农村用户，以其参与系统的规模来表示；三是政府，以政府在系统中获得的政绩来进行表示，具体参数的设定如下：

C：生猪规模养殖企业发展规模；

P：参与生态能源系统的农户数量；

G：当地政府获得的政绩；

r_C：生猪养殖企业的规模变化率；

r_P：农户参与生态能源系统的规模变化率；

r_G：当地政府所获得的政绩变化率；

K_C：养殖企业发展最大规模；

K_P：农户参与生态能源系统最大规模；

K_G：政府部门可获政绩的最大规模；

β_{CP}：农户参与生态能源系统对企业造成的影响，主要为企业向农户提供沼气原料导致其成本的增加；

γ_{CP}：农户不参与生态能源系统对企业造成的影响，主要为企业向农户提供的沼气原料的减少，降低了企业成本；

β_{PC}：企业的合作行为对农户参与系统规模的影响，如企业为农户提供沼气原料降低了农户参与系统的成本，提升农户的参与意愿；

γ_{PC}：企业的不合作行为对农户参与系统规模的影响，如企业拒绝提供沼气原料造成的农户参与意愿的降低；

β_{GP}：农户参与生态能源系统对政府政绩的影响，主要为农户参与系统能够保护农村环境，提高政府政绩；

γ_{GP}：农户不参与生态能源系统对政府政绩的影响，主要为农户拒绝参与该系统转而使用其他能源造成的农村环境污染，降低了政府政绩；

β_{CG}：政府部门采取合作行为对企业的影响，主要为政府部门对企业的政策支持及财政补贴；

γ_{CG}：政府部门采取不合作行为对企业的影响，主要为企业补贴的减少；

β_{PG}：政府部门采取合作行为对农户参与系统规模的影响，主要为政府部门对农户补贴的增加、对沼气工程维修的人员支持，提升了农户参与规模；

γ_{PG}：政府部门采取不合作行为对农户参与系统规模的影响，主要为农户补贴的减少，维修人员的减少，降低了农户参与规模；

β_{CC}：企业采取合作行为对政府政绩的影响，帮助政府提升政绩，促进环境保护；

γ_{CC}：企业采取不合作行为对政府政绩的影响，导致了环境的污染，降低了政府政绩。

生猪规模养殖生态能源系统自组织演化系统如式（10.6）所示：

$$
\begin{cases}
F(C) = \dfrac{\mathrm{d}C}{\mathrm{d}t} \\[2mm]
\qquad = r_C C \left(1 - \dfrac{C}{k_C} - \gamma_{CP}\dfrac{P}{k_P} + \beta_{CP}\dfrac{P}{k_P} - \gamma_{CG}\dfrac{G}{k_G} + \beta_{CG}\dfrac{G}{k_G} \right) \\[3mm]
F(P) = \dfrac{\mathrm{d}P}{\mathrm{d}t} \\[2mm]
\qquad = r_P P \left(1 - \dfrac{P}{k_P} - \gamma_{PC}\dfrac{C}{k_C} + \beta_{PC}\dfrac{C}{k_C} - \gamma_{PG}\dfrac{G}{k_G} + \beta_{PG}\dfrac{G}{k_G} \right) \\[3mm]
F(G) = \dfrac{\mathrm{d}G}{\mathrm{d}t} \\[2mm]
\qquad = r_G G \left(1 - \dfrac{G}{k_G} - \gamma_{GP}\dfrac{P}{k_P} + \beta_{GP}\dfrac{P}{k_P} - \gamma_{GC}\dfrac{C}{k_C} + \beta_{GC}\dfrac{C}{k_C} \right)
\end{cases} \qquad (11.6)
$$

三 生猪规模养殖生态能源系统自组织演化流率基本入树模型的构建

式（11.6）为生猪规模养殖生态能源系统的自组织动态演化系统，根据定理1和定理2得到生猪规模养殖生态能源系统自组织演化流率基本入树模型的流位流率。

C，$\dfrac{dC}{dt}$：生猪规模养殖企业的发展规模及其变化量；

P，$\dfrac{dP}{dt}$：农户参与生态能源系统的数量及其变化量；

G，$\dfrac{dG}{dt}$：当地政府所获得的政绩及其变化量。

因此，生猪规模养殖生态能源系统自组织动态演化系统的流位流率系为：

$$\left(C,\ \frac{dC}{dt}\right),\ \left(P,\ \frac{dP}{dt}\right),\ \left(G,\ \frac{dG}{dt}\right)$$

式中，外生变量有：r_C、r_P、r_G、β_{CP}、β_{PC}、β_{GP}、β_{CG}、β_{PG}、β_{GC}、γ_{CP}、γ_{PC}、γ_{GP}、γ_{CG}、γ_{PG}、γ_{GC}。

根据定理3得到生猪规模养殖生态能源系统自组织动态演化系统的流位流率系$\left(C,\ \dfrac{dC}{dt}\right),\ \left(P,\ \dfrac{dP}{dt}\right),\ \left(G,\ \dfrac{dG}{dt}\right)$下的基本流率入树模型如图11-6所示生猪规模养殖生态能源系统自组织演化流率基本入树模型。

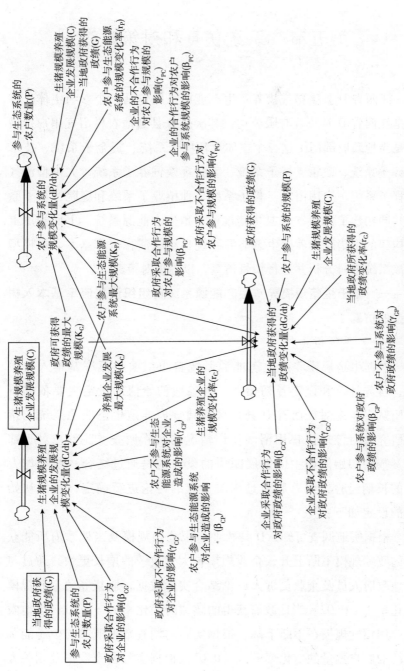

图 11-6 生猪规模养殖生态能源系统自组织演化流率基本入树模型

第五节　系统仿真和对策建议

江西省 D 县生猪规模养殖生态能源系统包括三个参与主体：首先是江西省 D 县牧业有限公司；其次是 D 县当地农村沼气用户；最后是当地政府部门。这三个主体及环境子系统、资金子系统、技术服务子系统、政策支持子系统、生猪规模饲养子系统，大中型沼气工程子系统、户用沼气工程子系统、种植业子系统和庭院种植子系统共同构建了江西省 D 县生猪规模养殖生态能源系统。下面利用上文构建的生猪规模养殖生态能源系统自组织演化流率基本入树模型对该系统进行分析并进行情景仿真，以提出对策建议。

一　基于生猪规模养殖生态能源系统自组织演化流率基本入树模型的仿真

（一）系统仿真

根据生猪规模养殖生态能源系统自组织演化流率基本入树模型，首先计算和设定各初始值。各参数初始值的设定主要依据研究团队多年来对江西省 D 县地区生猪规模养殖生态能源系统的持续研究及对该地区户用沼气使用情况的实际调查。此外，对于部分参数的初始值如主体发展阈值的设定则是通过结合一线工作人员的长期经验，汇总后通过相关专家的讨论进行确定，具体初始值的设定如下：

根据实地调查可知，D 县牧业有限公司规模及当地政府所能获得的政绩规模不断上升，企业规模扩大较政绩的增长更快，通过与当地政府人员及企业负责人讨论结合实际数据，取猪养殖企业规模变化率 $r_G = 0.02$，当地政府获得的政绩的变化率 $r_G = 0.01$；当地农村户用沼气规模在不断下降，根据实际的调查数据取参与生态能源系统的农户数量的变化率 $r_P = -0.03$；根据实际调查数据及相关人员意见取政府获得的政绩值 $G = 12$ 万元，农户参与规模 $P = 306$ 户，企业发展规模 C = 31 万元；结合专家及相关工作人员的意见，政府现阶段合作行为对企业的影响非常小，取 $\beta_{CG} = 0.01$，$\gamma_{CG} = 0.01$；农户参与系统会加大企业成本负担，2015 年 D 县牧业公司额外为农户运送猪粪 100 车，60 元/车，成本共 6000 元，与企业利润相比约等于 0.019，取 $\beta_{CP} = -0.02$，而农户参与系统对企业产生的影响较小几乎可以忽略不计，取 $\gamma_{CP} = 0.01$；通过调查显示政府采取合作行为时 10.2% 左右的农户明确表示会继续留在该系统，取 $\beta_{PG} = 0.1$，而当政府采取不合作行为时部分农户会退出系统，调查中 19.7% 左右农户表示政府若不继续支持沼气系统的运作便转向其他能源，取 $\gamma_{PG} = 0.2$；企业行为对农户的参与行为影响较小，不到 1% 的受调查者表示其参与意愿与企业行为有紧密联系，取 $\beta_{PC} = 0.01$，$\gamma_{PC} = 0.01$；通过实地调查及相关人员意见可知，企业合作行为对政府政绩有一定影响，取 $\beta_{GC} = 0.03$，而企业不合作时除了原有政绩的减少还将带来环境污染，取 $\gamma_{GC} = 0.05$，农户的合作行为对政府政绩影响较小，取 $\beta_{GP} = 0.01$，当农户不参与系统时造成的污染会对政府政绩产生影响，取 $\gamma_{PG} = 0.03$。此外，根据实际调查数据结合相关人员及专家意见，取现阶段政府从系统中所能获得的政绩最大规模 $K_G = 300$ 万元，企业发展最大规模 $K_C = 500$ 万元，农户最大参与规模 $K_P = 1000$ 户。利用生猪规模养殖生态能源系统自组织演化流率基本入树模型，通过 Vensim 软件进行仿真，得到江西省 D 县生猪规模养殖生态能源系统自组织演化流率基本入树模型仿真模拟曲线，具体仿真结果如图 11 - 7 所示。

由仿真模拟曲线可知，农户参与系统的规模逐渐下降，最终所有农户都退出生猪规模养殖生态能源系统；而政府获得的政绩与企业的发展规模虽然在不断上升，但是其上升速度随着时间的推移而明显减缓。通过将仿真结果与实际调查情况及相关人员反馈意见进行比照，并与相关专家进行讨论，认为该结果较为可靠，即模型具有可靠性。这样的结果正是农户逐渐退出户用沼气工程、政府对系统后续工作重视程度不足、企业合作意愿降低等问题对系统运行造

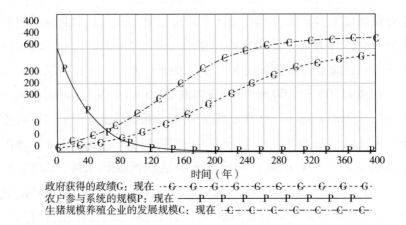

图11-7　仿真模拟曲线

成的影响，是系统有序性减弱，无序性增强的表现。当农户参与系统成本太高，其参与意愿降低，使农户参与系统的变化率为负数，造成参与规模的不断下降；而随着时间的推移，系统环境所能提供给政府及企业发展的资源却逐渐减少，导致其增长速度降低。

（二）敏感度测试

为了解模型参数的敏感度，采用基于扰动分析的相对灵敏度分析方法对参数进行敏感度分析，其计算公式为：

$$S = \frac{\sum\limits_{i=1}^{n-1} \dfrac{(Q_{i+1} - Q_i)/Q_a}{(p_{i+1} - p_i)/p_a}}{n-1} \tag{11.7}$$

式中，S 为参数相对敏感度；P_{i+1} 和 P_i 为第 $i+1$ 次和第 i 次参数输入的数值，P_a 为两者均值；Q_{i+1} 和 Q_i 为第 $i+1$ 次和第 i 次模型输出的结果，Q_a 为两者均值，本书研究在参数初始值基础上对每个参数分别增减10%、30%共4次，获得模型相应输出的对不同主体发展的敏感性指数，并取均值。研究结果表明：大部分参数不敏感，相对而言，主体参数与主体变化率敏感度较高，相对敏感度较高的前五位参数为企业发展规模阈值、企业发展规模变化率、农户参与规模变化率、政府政绩变化率、农户参与规模变化率。

二 情景仿真

针对江西省 D 县生猪规模养殖生态能源系统有序性减弱的现状，本书根据敏感度分析的结果调整参数，通过生猪规模养殖生态能源系统自组织演化流率基本入树模型进行不同情景下系统运行仿真，并根据情景仿真结果提出相关对策建议。

情景 1：提升系统主体变化率，根据调查可知，现在农户参与规模变化率 $r_P = -0.03$，在与当地负责沼气维护人员讨论后，认为农户参与变化率在缺乏强烈政策刺激的情况下变化不会太大，因此，假设 $r_P = 0.01$，其他条件不变，仿真曲线见图 11-8。

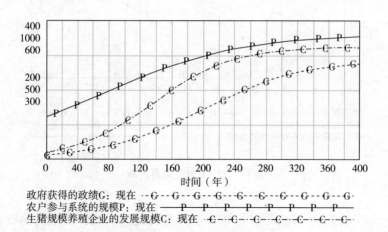

图 11-8 情景 1 仿真曲线

由图 11-8 可知，随着农户参与生态能源系统的规模不断提高，扭转了系统的衰减，增强了系统运行的有序性。由此可知，提升主体变化率有利于促进系统向有序演化。

对策建议：政府应当建立健全农村沼气工程全方位政策支撑体系，提升主体发展变化率，因地制宜地制定与落实具有公益民生特性的农业循环沼气工程支持政策，同时设立沼气工程维修专项资金为农村沼气工程日常维护修理发展提供资金支持。此外，为保障沼气工程产品质量及施工质量，还应当制定相关监督管理制度，规范产品质量与施工质量，对违规行为进行严厉惩处。

情景2：提高主体发展阈值，根据系统现有阈值，结合政府工作人员、企业负责人、沼气维护人员意见，进行该情景下系统阈值设定，设 $K_G = 500$ 万元，$K_C = 1000$ 万元，$K_P = 1500$ 户，其他条件不变，仿真曲线见图 11 −7。

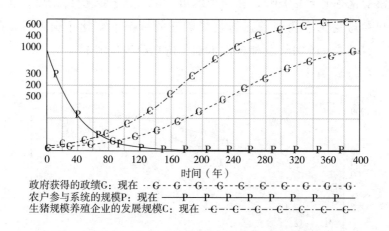

政府获得的政绩G：现在 ··G··G··G··G··G··G··G··G··G··G
农户参与系统的规模P：现在 ——P—P—P—P—P—P—P—P
生猪规模养殖企业的发展规模C：现在 ·-C·-C·-C·-C·-C·-C·-C·-C

图 11 −9　情景 2 仿真曲线

从图 11 −9 可以看出，随着主体发展规模的提升，政府的政绩获得及企业的发展规模有了较明显的提高，随着政绩的提升及企业的发展规模的提高，企业与政府的合作意愿将得到提高，系统的有序性演化趋势增强，即系统规模的提升有利于促进系统向有序演化。

对策建议：政府应当为系统的发展提供良好的运行环境，通过建立良好的沼气设施建造、维修、监督的综合管理体系，打造高质量的农村沼气工程，为系统规模的提高奠定基础；企业应当提升养殖技术与污染物处理技术，提高内部发展动力，推动系统规模的提升。

情景3：增强系统内各主体间合作效应，提升主体变化率。基

于系统内现存的主体间合作效应，结合农户、政府工作人员、企业
负责人、农技人员的预估，并参考相关专家的意见，做出以下设
定：设 $r_P = 0.01$，$\beta_{CG} = 0.1$，$\beta_{CP} = 0.15$，$\beta_{PG} = 0.15$，$\beta_{PC} = 0.1$，
$\beta_{GC} = 0.2$，$\beta_{GP} = 0.1$，其他条件不变，仿真曲线见图 11 - 10。

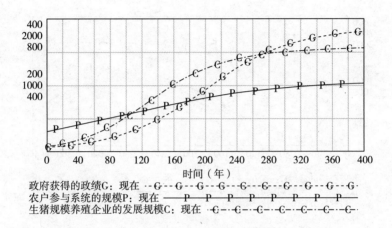

政府获得的政绩G：现在 ·-G·-G·-G·-G·-G·-G·-G·-G·-G
农户参与系统的规模P：现在 ——P—P—P—P—P—P—P—P—
生猪规模养殖企业的发展规模C：现在 -C·-C·-C·-C·-C·-C·-C·-C·-

图 11 - 10　情景 3 仿真曲线

从图 11 - 10 可以看出，随着系统内主体合作效应与主体变化率
的提升，使农户与企业的收益得到了提升，同时加强了各主体的合
作效应，使利益在主体之间得以分享，实现了扩大农户参与规模和
提升企业、政府发展速度、提高企业利润、提升政府政绩等多个目
标，即主体合作效应的提升有利于推动系统向有序演化。

对策建议：在情景 1 对策的基础上，结合政府、企业的市场、
技术、信息优势与农户所拥有的农村空间优势，实行"政府 + 企
业 + 农户"联合生猪养殖，即由政府提供相应政策支持及作为农户
与企业合作的中介，养殖企业提供幼猪与技术利用农户家中空闲的
土地资源进行生猪养殖，既稳定了企业的货源供应，节约了企业的
运营成本；也提升了当地农户的收益，且可为原本家中无猪农户的
沼气工程就地补充原料，增进了系统内部的合作效应，提升了农户
的参与意愿。

情景4：将情景1、情景2、情景3对策进行综合，设 $r_P = 0.02$，$K_G = 500$ 万元，$K_C = 1000$ 万元，$K_P = 1500$ 户，$\beta_{CG} = 0.1$，$\beta_{CP} = 0.15$，$\beta_{PG} = 0.15$，$\beta_{PC} = 0.1$，$\beta_{GC} = 0.2$，$\beta_{GP} = 0.1$，其他条件不变，仿真曲线见图 11 – 11。

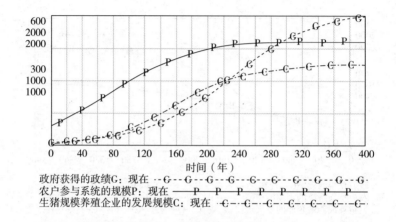

政府获得的政绩G：现在 ·-G--G--G--G--G--G--G--G--G--G-
农户参与系统的规模P：现在 ——P—P—P—P—P—P—P—P—P—
生猪规模养殖企业的发展规模C：现在 ·-C--C--C--C--C--C--C-

图 11 – 11　情景 4 仿真曲线

从图 11 –11 可以看出，随着主体变化率的提升、系统规模的改善、系统合作效益的提升，农户参与规模、企业、政府的发展速度、企业利润获得及政府的政绩获得都有了更大提高。

讨论：通过情景仿真可以看出，情景 1 中通过采取相关对策提升主体变化率，使系统的衰减得到了改变，不过企业合作意愿却未改善；情景 2 中通过提升系统规模，有利于增强企业和政府的合作意愿，但农户退出情况没有发生转变；情景 3 中通过综合情景 1 对策并进一步提升系统内合作效应，在实现改变系统衰减趋势的同时实现了主体的提升；在情景 4 中通过综合前面三项对策建议，系统衰减得到改变，系统主体发展得到更大提升，是最为理想的情景。结合以上分析可知，提高系统主体变化率，提升系统发展规模，提高系统内合作效应，能够使系统主体参与意愿增强，系统稳定性有效提升，且有效地解决系统无序演化问题，使系统向有序运作方向发展，此时系统的行为是我们所期望的。

第六节　结语

生猪规模养殖生态能源系统现存的问题是涉及动态系统结构复杂性以及系统有序性演化的综合问题。针对具有结构复杂性的生猪规模养殖生态能源系统有序性减弱的现状，本书将研究系统结构复杂性的系统动力学方法和研究系统组织有序性的自组织理论进行集成研究，研究显示：任意的自组织演化动态复制系统均能建立以流率变量为根，以流位变量为尾，且流位变量和外生变量直接控制流率变量的流率基本入树模型，即系统自组织演化流率基本入树模型。并且构建出研究系统结构复杂性和系统有序性演化相结合的系统自组织演化流率基本入树模型，利用该模型对江西省 D 县生猪规模养殖生态能源系统进行仿真研究，研究显示：降低农户对沼气工程的维修投入，提升农户的使用意愿，提高主体变化率有利于促进系统向有序转化；改善系统运作发展环境，提高系统主体发展规模有利于促进系统向有序转化；实行"政府＋企业＋农户"联合生猪养殖，增强系统内各主体之间合作效应，有利于促进系统向有序转化。

系统自组织演化流率基本入树模型实现了对复杂结构系统反馈复杂性与动态有序性的有机集成研究，但是，如何利用以上模型进行复杂系统的序参量研究、如何对系统各参量的变化规律进行深入分析、如何进行系统基模生成分析等一系列问题仍然有待于进一步的深入研究。

附录 2008—2015 年全国大规模生猪养殖 技术效率指标原始数据

省份	年份	主产品产量 （千克/头）	用工数量 （天/头）	人工成本 （元/头）	物质与服务费用 （元/头）
北京	2008	99.90	2.11	83.23	1092.48
天津	2008	107.70	1.19	51.49	1212.73
河北	2008	97.40	1.00	27.76	974.80
山西	2008	98.20	2.16	60.07	989.65
内蒙古	2008	99.60	1.85	42.00	1259.36
辽宁	2008	109.80	1.68	58.54	1179.96
吉林	2008	114.40	2.53	93.96	1221.02
黑龙江	2008	98.30	2.17	61.82	964.35
上海	2008	100.60	0.40	21.11	1166.30
江苏	2008	97.50	2.68	69.06	1085.16
浙江	2008	107.10	1.05	43.44	1276.57
安徽	2008	106.40	1.09	43.37	1270.23
福建	2008	105.50	0.45	21.52	1425.11
江西	2008	113.30	1.34	33.57	1328.16
山东	2008	106.10	0.98	31.32	1140.28
河南	2008	103.70	2.34	83.82	1175.40
湖北	2008	109.30	1.06	38.93	1303.24
湖南	2008	113.20	1.12	39.51	1315.80
广东	2008	97.80	1.03	45.25	1336.43
广西	2008	104.80	2.23	63.23	1312.77
海南	2008	88.10	0.69	51.41	1101.62

续表

省份	年份	主产品产量 （千克/头）	用工数量 （天/头）	人工成本 （元/头）	物质与服务费用 （元/头）
重庆	2008	95.00	1.83	74.48	1058.46
四川	2008	102.20	0.90	29.24	1067.06
贵州	2008	122.80	2.22	80.40	1170.69
云南	2008	121.30	0.76	26.55	1443.78
陕西	2008	106.50	2.50	81.25	1013.50
甘肃	2008	99.60	1.32	43.21	1152.71
青海	2008	103.00	0.50	18.00	1339.13
新疆	2008	94.90	1.81	63.93	882.84
北京	2009	99.71	1.85	69.79	1192.73
天津	2009	107.34	1.13	52.94	1000.72
河北	2009	99.43	1.13	37.30	891.37
山西	2009	99.90	2.10	67.15	912.38
内蒙古	2009	100.00	1.95	80.20	1137.30
辽宁	2009	108.61	2.04	73.31	1052.53
吉林	2009	114.55	2.56	98.43	1041.51
黑龙江	2009	102.00	2.49	87.99	922.98
上海	2009	101.89	0.42	22.08	1138.77
江苏	2009	98.84	1.75	55.27	960.70
浙江	2009	109.68	0.99	44.82	1169.81
安徽	2009	107.27	1.19	43.36	1118.67
福建	2009	107.19	0.60	30.11	1145.93
江西	2009	113.90	0.69	19.70	1141.18
山东	2009	105.19	1.05	39.24	994.82
河南	2009	106.29	2.42	87.54	998.40
湖北	2009	109.10	0.79	32.10	1094.85
湖南	2009	112.99	0.90	37.98	1163.36
广东	2009	100.25	1.01	43.01	1115.02
广西	2009	107.55	1.70	57.46	1131.74
海南	2009	99.98	0.71	48.86	1163.76

续表

省份	年份	主产品产量 （千克/头）	用工数量 （天/头）	人工成本 （元/头）	物质与服务费用 （元/头）
重庆	2009	101.75	2.52	108.77	1046.26
四川	2009	104.64	1.17	37.68	916.80
贵州	2009	119.47	2.45	98.00	937.40
云南	2009	118.63	0.66	24.17	1137.91
陕西	2009	111.17	2.52	90.17	925.46
甘肃	2009	99.04	1.29	50.13	997.72
青海	2009	102.00	0.43	17.14	1181.64
新疆	2009	98.17	2.01	70.13	864.77
北京	2010	103.43	1.52	82.78	1222.33
天津	2010	110.07	1.23	63.37	1033.60
河北	2010	99.87	1.04	38.85	925.76
山西	2010	101.53	2.02	77.37	1019.96
内蒙古	2010	123.55	2.01	104.48	1228.02
辽宁	2010	108.23	1.86	92.74	1132.39
吉林	2010	115.90	2.66	109.67	1055.23
黑龙江	2010	100.53	2.69	121.92	909.80
上海	2010	103.54	0.41	24.11	1234.38
江苏	2010	97.90	1.98	75.00	969.09
浙江	2010	111.93	0.96	51.01	1262.72
安徽	2010	112.11	1.01	43.19	1120.28
福建	2010	107.89	0.59	33.99	1183.12
江西	2010	117.98	0.90	40.43	1278.75
山东	2010	106.99	1.19	54.72	1031.58
河南	2010	105.61	2.46	102.96	1018.18
湖北	2010	106.40	0.60	33.02	1139.56
湖南	2010	110.36	0.96	43.36	1187.83
广东	2010	101.88	0.89	44.05	1192.27
广西	2010	110.58	1.96	74.43	1142.21
海南	2010	101.50	0.53	31.60	1236.02

续表

省份	年份	主产品产量 （千克/头）	用工数量 （天/头）	人工成本 （元/头）	物质与服务费用 （元/头）
重庆	2010	113.11	1.65	78.94	1047.94
四川	2010	108.52	1.17	51.50	847.57
贵州	2010	116.75	1.90	76.00	985.65
云南	2010	119.83	0.66	27.72	1174.69
陕西	2010	109.52	2.65	132.50	1021.99
甘肃	2010	97.01	1.19	49.53	1000.57
青海	2010	100.00	0.43	18.95	1291.59
新疆	2010	100.25	2.09	90.55	924.88
北京	2011	105.73	1.24	83.42	1471.98
天津	2011	110.56	1.21	84.97	1340.92
河北	2011	99.87	1.14	53.07	1100.43
山西	2011	104.82	2.09	89.63	1252.87
内蒙古	2011	117.62	1.89	95.95	1442.87
辽宁	2011	113.63	2.23	151.54	1460.96
吉林	2011	116.16	2.63	153.16	1364.14
黑龙江	2011	101.13	2.69	158.71	1134.88
上海	2011	109.55	0.39	27.64	1587.26
江苏	2011	100.88	1.07	56.63	1271.17
浙江	2011	115.10	1.12	75.08	1489.42
安徽	2011	114.77	0.97	53.06	1430.29
福建	2011	108.82	0.52	43.32	1447.25
江西	2011	115.61	0.79	43.73	1534.19
山东	2011	109.55	1.16	61.30	1265.21
河南	2011	107.81	3.15	158.02	1285.09
湖北	2011	109.70	0.63	37.34	1402.79
湖南	2011	115.31	0.86	49.59	1522.77
广东	2011	101.50	0.79	52.71	1414.81
广西	2011	114.01	1.96	99.48	1412.80
海南	2011	106.35	0.44	48.58	1711.61

省份	年份	主产品产量 （千克/头）	用工数量 （天/头）	人工成本 （元/头）	物质与服务费用 （元/头）
重庆	2011	108.59	1.89	105.03	1171.03
四川	2011	111.12	1.42	83.56	1092.96
贵州	2011	116.15	2.02	94.19	1250.48
云南	2011	122.46	0.75	35.38	1500.27
陕西	2011	109.22	2.43	150.67	1263.91
甘肃	2011	100.25	1.31	75.62	1230.61
青海	2011	100.00	0.43	21.50	1576.40
新疆	2011	101.31	2.17	121.79	1247.52
北京	2012	108.89	1.30	93.91	1527.88
天津	2012	109.02	1.17	85.92	1354.64
河北	2012	102.10	1.16	65.30	1228.75
山西	2012	112.75	1.56	99.88	1412.97
内蒙古	2012	121.98	1.89	119.59	1521.76
辽宁	2012	112.70	2.33	175.49	1448.21
吉林	2012	119.03	2.72	193.09	1455.12
黑龙江	2012	103.20	2.46	157.27	1268.76
上海	2012	112.88	0.38	31.30	1641.68
江苏	2012	99.29	0.82	59.08	1259.60
浙江	2012	117.67	0.84	62.87	1620.78
安徽	2012	115.39	1.06	63.33	1493.53
福建	2012	111.23	0.47	41.58	1489.64
江西	2012	123.33	0.75	47.54	1631.09
山东	2012	109.60	1.07	71.76	1426.65
河南	2012	108.30	3.14	180.54	1327.50
湖北	2012	113.27	0.74	52.96	1505.29
湖南	2012	118.07	0.93	60.35	1608.16
广东	2012	106.19	0.89	58.45	1501.51
广西	2012	117.21	1.92	109.20	1500.62
海南	2012	108.33	0.39	34.14	1541.81

续表

省份	年份	主产品产量 （千克/头）	用工数量 （天/头）	人工成本 （元/头）	物质与服务费用 （元/头）
重庆	2012	110.51	1.63	102.42	1279.14
四川	2012	115.00	1.15	95.18	1395.21
贵州	2012	121.65	1.80	101.45	1461.34
云南	2012	122.50	0.66	34.74	1689.60
陕西	2012	106.20	2.37	154.17	1376.77
甘肃	2012	100.19	1.33	87.00	1379.14
青海	2012	102.50	0.43	24.89	1729.39
新疆	2012	110.13	1.46	106.88	1366.92
北京	2013	108.3	1.17	105.41	1568.46
天津	2013	107.82	1.22	100.4	1348.86
河北	2013	101.44	1.16	72.34	1190.23
山西	2013	111.8	1.58	100.06	1381.67
内蒙古	2013	136.82	2.01	143.59	1754.28
辽宁	2013	112.97	2.09	176.73	1457.38
吉林	2013	122.65	2.73	225.22	1421.89
黑龙江	2013	105.01	2.53	188.91	1244.71
上海	2013	111.54	0.38	34.05	1630.58
江苏	2013	100.75	0.83	67.87	1289.46
浙江	2013	120.18	0.68	64.09	1642.7
安徽	2013	118.24	0.83	67.79	1631.12
福建	2013	111.66	0.49	48.13	1541.09
江西	2013	119.96	0.69	51.63	1540.07
山东	2013	110.4	0.99	73.67	1421.1
河南	2013	108.94	3.42	205.31	1303.49
湖北	2013	114.43	0.89	72.43	1529.53
湖南	2013	119.08	0.87	58.3	1630.08
广东	2013	106.66	0.78	63.75	1481.28
广西	2013	115.52	1.82	92.48	1476.93
海南	2013	108.33	0.38	33.46	1479.36

续表

省份	年份	主产品产量 （千克/头）	用工数量 （天/头）	人工成本 （元/头）	物质与服务费用 （元/头）
重庆	2013	108.9	1.48	104.6	1356.23
四川	2013	113.15	1.32	115.37	1376.26
贵州	2013	118.2	1.47	102.82	1407.79
云南	2013	121.47	0.55	36.31	1618.28
陕西	2013	106.47	2.38	178.33	1408.04
甘肃	2013	103.03	1.19	85.87	1490.56
青海	2013	105	0.42	42	1525.46
新疆	2013	103.8	1.55	124.64	1463.19
北京	2014	104.46	1.14	97.73	1482.52
天津	2014	109.45	1.09	97.09	1294.59
河北	2014	102.57	1.17	78.47	1169.21
山西	2014	112.88	1.45	100.43	1274.75
内蒙古	2014	152.41	1.79	138.82	1805.89
辽宁	2014	114.51	2.2	182.71	1393.67
吉林	2014	121.6	2.73	249.45	1366.89
黑龙江	2014	105.6	2.5	220.57	1143
上海	2014	112.34	0.39	35	1605.57
江苏	2014	100.9	0.74	58.24	1284.58
浙江	2014	120.02	0.66	67.57	1591.02
安徽	2014	118.85	0.66	63.56	1530.1
福建	2014	115.47	0.5	52.64	1512.1
江西	2014	129.46	0.8	66.29	1648.64
山东	2014	111.15	1.06	86.58	1393.82
河南	2014	110.38	1.99	135.17	1283.81
湖北	2014	117.17	0.61	53.81	1500.01
湖南	2014	118.17	0.96	75.24	1495.35
广东	2014	108.11	0.65	63.43	1410.9
广西	2014	116.81	1.52	116.79	1460.13
海南	2014	112.33	0.33	37.77	1494.67

续表

省份	年份	主产品产量 （千克/头）	用工数量 （天/头）	人工成本 （元/头）	物质与服务费用 （元/头）
重庆	2014	109.18	0.66	54.31	1287.09
四川	2014	115.15	1.25	114.04	1407.01
贵州	2014	119.96	2.43	172.47	1333.32
云南	2014	124.27	0.64	46.95	1613.83
陕西	2014	111.53	2.33	190	1421.56
甘肃	2014	111.91	1.17	98.49	1613.27
青海	2014	107	0.43	43.5	1541.12
新疆	2014	107.4	1.16	90.35	1478.92
北京	2015	105.31	1.05	114.52	1406.43
天津	2015	108.16	1.17	118.7	1288.56
河北	2015	104.09	1.14	79.05	1181.15
山西	2015	112.31	1.18	91.89	1261.4
内蒙古	2015	138.63	1.71	137.63	1534.94
辽宁	2015	116.56	1.87	168.06	1451.97
吉林	2015	122.37	2.73	263.67	1434.67
黑龙江	2015	104.96	2.25	206.19	1173.52
上海	2015	111.8	0.41	39.32	1589.67
江苏	2015	102.27	0.83	69.59	1286.48
浙江	2015	121.71	0.72	77.52	1608.81
安徽	2015	120.01	0.63	64.55	1464.09
福建	2015	114.37	0.5	56.94	1548.73
江西	2015	127.86	0.82	76.04	1661.79
山东	2015	111.6	1.06	94.41	1406.26
河南	2015	111.47	1.83	131.7	1361.59
湖北	2015	119.55	0.73	69.6	1462.37
湖南	2015	121.62	0.86	69.31	1548.13
广东	2015	110.51	0.7	65.82	1455.83
广西	2015	114.34	1.56	128.26	1396.78
海南	2015	116.67	0.35	35.97	1597.7

省份	年份	主产品产量 （千克/头）	用工数量 （天/头）	人工成本 （元/头）	物质与服务费用 （元/头）
重庆	2015	111.15	0.44	45.85	1348.05
四川	2015	117.64	1.35	121.18	1430.74
贵州	2015	120.43	1.56	110.73	1349.02
云南	2015	128.69	0.66	54.22	1572.64
陕西	2015	109.98	2.22	185	1247.26
甘肃	2015	111.57	1.07	96.28	1523.61
青海	2015	109.13	0.55	49.05	1533.44
新疆	2015	109.91	1.58	154.96	1318.29

参考文献

［1］潘国言、龙方、周发明：《我国区域生猪生产效率的综合评价》，《农业技术经济》2011 年第 3 期。

［2］王明利、李威夷：《基于随机前沿函数的中国生猪生产效率研究》，《农业技术经济》2011 年第 12 期。

［3］张园园、孙世民、季柯辛：《基于 DEA 模型的不同饲养规模生猪生产效率分析：山东省与全国的比较》，《中国管理科学》2011 年第 12 期。

［4］林杰、赵连阁、王学渊：《水资源约束视角下生猪养殖环境技术效率分析——基于中国 18 个生猪养殖优势省份的研究》，《农村经济》2014 年第 8 期。

［5］翁贞林、罗千峰、郑瑞强：《我国生猪不同规模养殖成本效益及全要素生产率分析——基于 2004—2013 年数据》，《农林经济管理学报》2015 年第 5 期。

［6］张晓恒、周应恒、张蓬：《中国生猪养殖的环境效率估算——以粪便中氮盈余为例》，《农业技术经济》2015 年第 5 期。

［7］王德鑫、黄珂、郑炎成等：《中国规模生猪养殖效率测度及其区域差异性研究——基于 DEA—Malmquist 指数方法》，《浙江农业学报》2016 年第 7 期。

［8］杜红梅、李孟蕊、王明春等：《基于 SE—DEA 模型的中国生猪规模养殖环境效率时空差异研究》，《中国畜牧杂志》2017 年第 1 期。

［9］任毅、丁黄艳、任雪：《长江经济带工业能源效率空间差异化

特征与发展趋势——基于三阶段 DEA 模型的实证研究》,《经济问题探索》2016 年第 3 期。

[10] 刘乃全、吴友、赵国振:《专业化集聚、多样化集聚对区域创新效率的影响——基于空间杜宾模型的实证分析》,《经济问题探索》2016 年第 2 期。

[11] 刘广斌、李建坤:《基于三阶段 DEA 模型的我国科普投入产出效率研究》,《中国软科学》2017 年第 5 期。

[12] 王娜、申俊亚、周天乐:《基于三阶段 DEA 方法的绿色投资效率研究》,《财经理论与实践》2017 年第 2 期。

[13] Fried, H. O. , Love, C. A. K, Schmidt, S. S. and Yaisawamg, S. , "Accounting for Environmental Effects and Statistical Noise in Data Envelopment Analysis", *Journal of productivity Analysis*, 2012 (2) .

[14] Banker, R. D. , Charnes, A. and Cooper, W. W. , "Some Models for Estimating Technical and Scale Inefficiencies in Data Envelopment Analysis", *Management Science*, 1984 (2) .

[15] 罗登跃:《三阶段 DEA 模型管理无效率估计注记》,《统计研究》2012 年第 4 期。

[16] 陈巍巍、张雷、马铁虎:《关于三阶段 DEA 模型的几点研究》,《系统工程》2014 年第 9 期。

[17] Coelli, T. J. and Battese, G, E. , "Frontier Production Functions, Technical Efficiency and Panel Data: With Application to paddy Farmers in India, Department of Econometrics", University of New England, Armidale, NSW2351, Australia, 1995 (20): 325 – 332.

[18] 邰智荟、韩璐、王刚毅:《黑龙江省不同饲养规模的生猪生产效率研究》,《黑龙江畜牧兽医》2016 年第 9 期。

[19] 闫振宇、徐家鹏:《生猪规模生产就有效率吗?——兼论我国不同地区生猪养殖适度规模选择》,《财经论丛》2012 年第

2 期。

[20] 闫振宇、陶建平、徐家鹏：《中国生猪生产的区域效率差异及其适度规模选择》，《经济地理》2012 年第 7 期。

[21] Cooper, W. W., Seiford, L. M. and Tone, K., *Data Envelopment Analysis*, Springer US, 2000, 2 (3): 1 – 39.

[22] Lovell, C. and Knox, A., *Stochastic Frontier Analysis*, Cambridge University Press, 2000, 24 (4): 129 – 131.

[23] Charnes, A., Cooper, W. W. and Rhodes, E. M., "Decision Making Units", *European Journal of operational Research*, 1978 (2): 429 – 444.

[24] Kunbbakar, S. and Lovell, C., *Stochastic Froniter Analysis*, New York, Cambridge University Press, 2000.

[25] Battese, G. E. and Coelli, T. J., "Frontier Production Functions, Technical Efficiency and Panel Data: With Appli Cation to Paddy Farmers in India", *Journal of Productivity Analysis*, 1992 (6): 153 – 169.

[26] 李金滟、胡赓：《中部六省资源环境承载力的测度》，《统计与决策》2012 年第 21 期。

[27] 盛巧玲：《基于氮平衡的北京地区畜禽环境承载力研究》，西南大学，2010 年。

[28] 宋福忠：《畜禽养殖环境系统承载力及预警研究》，重庆大学，2011 年。

[29] 王永瑜：《经济发展环境承载力理论与方法》，《兰州商学院学报》2010 年第 6 期。

[30] Meadows, D. H., Meadows, D. L. and Randers, J. et al., *The Limits to Growth*, New York: U. Books, 1972.

[31] Arrow, K. and Bolin, Costanza R. et al., "Economic Growth, Carrying Capacity, and the Environment", *Science*, 1995, 268: 520 – 521.

[32] 吴林海、许国艳、杨乐:《环境污染治理成本内部化条件下的适度生猪养殖规模的研究》,《中国人口·资源与环境》2015年第 7 期。

[33] 孔凡斌、张维平、潘丹:《基于规模视角的农户畜禽养殖污染无害化处理意愿影响因素分析——以 5 省 754 户生猪养殖户为例》,《江西财经大学学报》2016 年第 7 期。

[34] 王克俭、张岳恒:《规模化生猪养殖污染防控的价值分析——基于支付意愿的视角》,《农村经济》2016 年第 2 期。

[35] 左永彦、彭珏、封永刚:《环境约束下规模生猪养殖的全要素生产率研究》,《农村经济》2016 年第 9 期。

[36] 虞祎、张晖、胡浩:《排污补贴视角下的养殖户环保投资影响因素研究——基于沪、苏、浙生猪养殖户的调查分析》,《中国人口·资源与环境》2012 年第 2 期。

[37] Jonathan Douglas Witten, "Carrying Capacity and the Comprehensive Plan", *Boston College Environmental Affairs Law Review*, 2001, 28 (4): 583 – 608.

[38] Shaleen Singhal, "Amit KapurIndustrial Estate Planning and Management in Indian: An Integrated Approach towards Industrial Ecology", *Journal of Environmental Management*, 2002, 66 (1): 19 – 29.

[39] Furuya, K., "Environmental Carrying Capacity in an Aquaculture Ground of Seaweed and Shellfish in Northern Japan", In: Determining Environmental Carrying Capacity of Coastal and Marine Areas: Progress, Constraints and Future Options, PEMSEA Workshop Proceedings, 2003, 11: 52 – 59.

[40] 曾维华、杨月梅、陈荣昌等:《环境承载力理论在区域规划环境影响评价中的应用》,《中国人口·资源与环境》2007 年第 11 期。

[41] 杨静、张仁铎、翁士创等:《海岸带环境承载力评价方法研

究》,《中国环境科学》2013 年第 S1 期。

[42] Saaty, T. L., *The Analytic Hierarchy Process*, New York: McGraw – Hill, 1980.

[43] Saaty, T. L., "An Exposition of the AHP in Reply to the Paper Remark on the Analytic Hierarchy Process", *Management Sciencem*, 1990, 36 (3): 259 – 268.

[44] 张爱、程波、赵静等:《基于灰色理论的畜禽养殖规划环境承载力研究》,中国环境科学学会学术年会论文集,2010 年。

[45] 潘雪莲、杨小毛、陈小刚等:《基于深圳市畜禽养殖环境承载力研究》,中国环境科学学会学术年会论文集,2014 年。

[46] 王甜甜、程波、冯雪莲等:《华北地区典型区域畜禽养殖环境承载力综合评价研究——以滨州市为例》,《农业资源与环境学报》2012 年第 3 期。

[47] 王筱娇:《吉林省松辽流域典型区规模化畜禽养殖污染的空间分布特征及环境承载力研究》,吉林大学,博士学位论文,2016 年。

[48] 黄成、程波、张爱等:《基于超效率 DEA 和人工神经网络耦合模型的畜禽养殖资源环境承载力研究——以天津市为例》,《安徽农业科学》2016 年第 8 期。

[49] Wang, X. and Di, C. et al., "The Influence of Using Biogas Digesters on Family Energy Consumption and Its Economic Benefit in Rural Areas – Comparative Study between Lianshui and Guichi in China", *Renewable and Sustainable Energy Reviews*, 2007, 11 (5): 1018 – 1024.

[50] 唐剑武、叶文虎:《环境承载力的本质及其定量化初步研究》,《中国环境科学》1998 年第 3 期。

[51] Meadows, D. H., Meadows, D. L. and Randers, J. et al., *The Limits to Growth*, New York: U. Books, 1972.

[52] Arrow, K. and Bolin, Costanza R. et al., "Economic Growth,

Carrying Capacity, and the Environment", *Science*, 1995, 268: 520 – 521.

[53] 冉圣宏、薛纪渝、王华东:《区域环境承载力在北海市城市可持续发展研究中的应用》,《中国环境科学》1998 年第 18 期。

[54] 李永友、沈坤荣:《我国污染控制政策的减排效果——基于省际工业污染数据的实证分析》,《管理世界》2008 年第 7 期。

[55] 涂正革:《资源、环境与工业增长的协调性》,《经济研究》2008 年第 2 期。

[56] 卢愿清、史军:《低碳竞争力评价指标体系的构建》,《统计与决策》2013 年第 1 期。

[57] 余丹林、毛汉英、高群:《状态空间衡量区域承载状况初探——以环渤海地区为例》,《地理研究》2003 年第 2 期。

[58] Bhattacharya, S. C. and Abdul, P., "Low Greenhouse Gas Biomass Options for Cooking in the Developing Countries", *Biomass and Bio – energy*, 2002, 22 (4): 305 – 317.

[59] 周宾、陈兴鹏、王元亮:《区域累积碳足迹测度系统动力学模型仿真实验研究——以甘南藏族自治州为例》,《科技进步与对策》2007 年第 23 期。

[60] Chen, Y., Yang, G. H. and Sweeney, S. et al., "Household Biogas Use in Rural China: A Study of Opportunities and Constraints", *Renewable and Sustainable Energy Reviews*, 2010, 14 (1): 545 – 549.

[61] 张嘉强:《西部户用生物质资源发展现状及潜力评估》,《农业技术经济》2008 年第 5 期。

[62] Jury, C., Benetto, E. and Koster, D. et al., "Life Cycle Assessment of Biogas Production by Mono Fermentation of Energy Crops and Injection into t he Natural Gas Grid", *Biomass and Bio Energy*, 2010, 34 (1): 54 – 66.

[63] Yan, L. and Min, Q. et al., "Energy Consumption and Bio – En-

ergy Development in Rural Areas of China", *Resources Science*, 2005, 27（1）: 8 – 14.

［64］周小刚、李丽清、贾仁安:《我国垄断性国有企业科技创新制约机制反馈分析和管理对策研究》,《科技进步与对策》2011年第 11 期。

［65］张雪梅、刘永功、王莉:《西部农村养殖业非点源污染实证研究》,《生态经济》2009 年第 7 期。

［66］裴敏欣:《环境问题可能扼杀中国奇迹》, http：//money. 163. com/ 13/0130/14/8MFN1A3F00254IU4. html. 2013 年 1 月 30 日。

［67］Ai, H., Ren, J. and Zhang, Z., "Detection of Quantitative Trait Loci for Growth – and Fatness – related Traits in a Large – scale White Durocx Erhualian Intercross Pig Population", *Animal Genetics*, 2012, （4）: 383 – 391.

［68］Kuang Haoyuan and Ying Ruoping, "The Change of Farmer Pig Raising Technology in China in Recent Thirty Years", *Chinese Agricultural Science Bulletin*, 2011, （27）: 1 – 8.

［69］Yan Zhenyu, Tao Jianping and Xu Jiapeng, "Scale Production of Live Pig in China: Provincial Difference, Problem and Development Countermeasure Analysis Based on Pig Producing Scale Subdivision and Measure of Cost Profit Margin", *Research of Agricultural Modernization*, 2012 （1）: 13 – 18.

［70］曾波、钟荣珍、谭支良:《畜牧业中的甲烷排放及其减排调控技术》,《中国生态农业学报》2009 年第 4 期。

［71］罗万纯:《中国农村生活环境公共服务供给效果及其影响因素——基于农户视角》,《中国农村观察》2014 年第 11 期。

［72］胡建平、沈吉娜、王光耀等:《贵州黔东南州农村户用沼气池的使用现状及建议》,《中国沼气》2012 年第 6 期。

［73］王勇民、孙振锋、张策:《河北省农村户用沼气使用率调研分析》,《中国沼气》2013 年第 4 期。

［74］ 宋会仙：《农村户用沼气池使用率偏低原因分析及对策措施》，《陕西农业科学》2014 年第 5 期。

［75］ 张小桥：《当前农村沼气的历史机遇与前景展望》，《河南农业》2017 年第 16 期。

［76］ Wang, X. et al. , "The Influence of Using Biogas Digesters on Family Energy Consumption and Its Economic Benefit in Rural Areas – Comparative Study between Lianshui and Guichi in China", *Renewable and Sutainable Energy Reviews*, 2007, 11 (5): 1018 – 1024.

［77］ Bhattacharya, S. C. S. et al. , "Emissions from Biomass Energy Use in Some Selected Asian Countries", *Energy*, 2000, 25 (2): 169 – 188.

［78］ Chen, Y. et al. , "Household Biogas Use in Rural China: A Study of Opportunities and Constraints", *Renewable and Sustainable Energy Reviews*, 2010, 14 (1): 545 – 549.

［79］ Yan, L. et al. , "Energy Consumption and Bio – energy Development in Rural Areas of China", *Resources Science*, 2005, 27 (1): 8 – 14.

［80］ Weibull, J. W. , *Evolutionary Theory*, The Mit Press, 1995: 26 – 35.

［81］ 何周蓉：《户用沼气技术运用对农业系统能流的影响分析》，《科技管理研究》2015 年第 5 期。

［82］ 金小琴：《农村户用沼气项目实施效果评价——基于四川省实证》，《农村经济》2016 年第 8 期。

［83］ 石惠娴、徐得天、朱洪光等：《沼气发酵池动态热负荷特性研究》，《农业机械学报》2017 年第 5 期。

［84］ 王艺鹏、杨晓琳、谢光辉等：《1995—2014 年中国农作物秸秆沼气化碳足迹分析》，《中国农业大学学报》2017 年第 5 期。

［85］ 朱立志、赵鱼：《沼气的减排效果和农户采纳行为影响因素分析》，《中国人口·资源与环境》2012 年第 4 期。

[86] 蔡亚庆、仇焕广、王金霞等:《我国农村户用沼气使用效率及其影响因素研究——基于全国五省调研的实证分析》,《中国软科学》2012 年第 8 期。

[87] 范敏、甘筱青:《基于逐步回归法的农村沼气能源影响因素研究》,《统计与决策》2014 年第 12 期。

[88] 仇焕广、严健标、李登旺等:《我国农村生活能源消费现状、发展趋势及决定因素分析——基于四省两期调研的实证研究》,《中国软科学》2015 年第 11 期。

[89] 潘丹:《基于农户偏好的牲畜粪便污染治理政策选择——以生猪养殖为例》,《中国农村观察》2016 年第 2 期。

[90] 资树荣、雷朝阳:《发展农村沼气产业建设节约型新农村》,《理论导刊》2006 年第 1 期。

[91] 方行明、屈锋、尹勇:《新农村建设中的农村能源问题——四川省农村沼气建设的启示》,《中国农村经济》2006 年第 9 期。

[92] 汪海波、辛贤:《中国农村沼气消费及影响因素》,《中国农村经济》2007 年第 11 期。

[93] 薛亮、李谦、邓良伟等:《充分发挥沼气建设在转变农业发展方式中的重要作用》,《农业经济问题》2010 年第 8 期。

[94] 王翠霞、贾仁安、邓群钊:《中部农村规模养殖生态系统管理策略的系统动力学仿真分析》,《系统工程理论与实践》2007 年第 12 期。

[95] 贾晓菁、贾仁安、王翠霞:《自然人造复合系统的开发原理与途径——以区域大中型沼气能源工程系统开发为例》,《系统工程理论与实践》2012 年第 2 期。

[96] 涂国平、贾仁安、王翠霞等:《基于系统动力学创建养种生物质能产业的理论应用研究术》,《系统工程理论与实践》2009 年第 3 期。

[97] Von Neumann and Morgenstern, O. J., *Theory of Games and Economic Behavior*, Princeton University Press, 1953: 35 – 47.

［98］王先甲、刘伟兵：《有限理性下的进化博弈与合作机制》，
《上海理工大学学报》2011 年第 6 期。

［99］Friedman, D., "Evolutionary Games in Economics", *Econometrica*, 1991, 59 (3): 637 – 666.

［100］Friedman, D., "On Economic Applications of Evolutionary Game Theory", *Journal of Evolutionary Economics*, 1998, 8 (1): 15 – 43.

［101］Kimura, S., Otsyka, K., Sonobe, T. and Rezell, S., "Efficiency of Land Allocation through Tenancy Markets: Evidence from China", *Economic Development and Cultural Change*, 2011, 59 (3): 485 – 510.

［102］Boger, S., "Quality, Contractual Choice: A Transaction Cost Approach to the Polish Hog Market", *European Review of Agricultural Economics*, 2001, 28 (3): 19 – 31.

［103］Singh, S., "Contracting Out Solutions: Political Economy of Contract Farming in the Indian Punjab", *World Development*, 2002, 30 (9): 1621 – 1638.

［104］Schipmann, C. and Qaim, M., "Spillovers from Modem Supply Chains to Traditional Markets: Product Innovation and Adoption by Smallholders", *Agricultural Economics*, 2010, 41 (1): 361 – 371.

［105］Arun Pandit, Barsati Lal and Rana, Rajesh K., "An Assessment of Potato Contract Farming in West Bengal State", *Potato Research*, 2014, 58 (1): 1 – 14.

［106］黄梦思、孙剑：《复合治理"挤出效应"对农产品营销渠道绩效的影响——以"农业龙头企业 + 农户"模式为例》，《中国土地科学、中国农村经济》2016 年第 4 期。

［107］浦徐进、朱秋鹰、路璐：《参照点效应、公平偏好和"龙头企业 + 农户"供应链关系治理》，《管理工程学报》2016 年

第 2 期。

［108］张群祥、朱程昊、严响：《农户和龙头企业共生模式演化机制研究——基于生态位理论》，《科技管理研究》2017 年第 8 期。

［109］黄勇：《基于 Shapley 值法的猪肉供应链利益分配机制研究》，《农业技术经济》2017 年第 2 期。

［110］Keynes, J. M., *A Tract on Monetary Reform*, London & Cambridge: Macmillan & Cambridge University Press, 1923.

［111］Hicks, J. R., *Value and Capital*, London: Oxford Clarendon Press, 1946.

［112］Caldentey, R. and Haugh, M. B., "Supply Contracts with Financial Hedging", *Operations Research*, 2009, 57 (1): 47 – 65.

［113］Coase, R. H., "The Nature of the Firm", *Economica*, 1937, 4: 368 – 405.

［114］Williamson, O. E., *Market and Hierarchies: Analysis and Antitrust Implications*, New York: The Free Press, 1975.

［114］Williamson, O. E., *The Economic Institutions of Capitalism: Firms, Markets, Relational Contracting*, Macmillan, 1985.

［115］［美］乔根·W. 威布尔：《演化博弈论》，上海人民出版社 2006 年版。

［116］Jin, Maozhu, "Evolutionary Game Theory in Multi – objective Optimization Problem", *International Journal of Computational Intelligence Systems*, 2010 (3): 74 – 87.

［117］Wirl, Franz, "Trans Boundary Emissions: Are Subsidies Efficient? A Game Theoretical Analysis of Subsidizing Environmental Protection in Eastern Europe", *International Journal of Global Energy Issues*, 1994 (6): 263 – 267.

［118］forrester, Jay W., *Principles of System*, Cambridge: MIT Press, 1986.

［119］王其潘：《高级系统动力学》，清华大学出版社 1995 年版。

［120］ 贾仁安、丁荣华:《系统动力学——反馈动态性复杂分析》,高等教育出版社 2002 年版。

［121］ 贾伟强、贾仁安、兰琳等:《消除增长上限制约的管理对策生成法——以银河杜仲区域规模养种生态能源系统发展为例》,《系统工程理论与实践》2012 年第 6 期。

［122］ 贾伟强、孙晶洁、贾仁安等:《SD 模型的系统极小反馈基模集入树组合删除生成法——以德邦规模养种系统发展为例》,《系统工程理论与实践》2016 年第 2 期。

［123］ 冷碧滨、涂国平、贾仁安等:《系统动力学演化博弈流率基本入树模型的构建及应用——基于生猪规模养殖生态能源系统稳定性的反馈仿真》,《系统工程理论与实践》2017 年第 5 期。

［124］ 王秀山:《复杂系统演化过程的有序性和无序性》,《系统科学学报》2005 年第 1 期。

［125］ Lvakhnenko, A. G. , "Heuristic Self – organization in Problems of Engineering Cybernetics", *Automatica*, 1970, 6（2）: 207 – 219.

［126］ Haken, H. , *Synergetics: An Introduction*, Springer – Verlag, Berlin – New York , 1983（1）.

［127］ 项杨雪、梅亮、陈劲:《基于高校知识三角的产学研协同创新实证研究——自组织视角》,《管理工程学报》2014 年第 3 期。

［128］ 李伯华、刘沛林、窦银娣:《乡村人居环境系统的自组织演化机理研究》,《经济地理》2014 年第 9 期。

［129］ 潘骏、沈惠璋、陈忠:《社会群体事件的微博传播和复合生长曲线研究》,《情报杂志》2016 年第 5 期。

［130］ 赫连志、邢建军:《产业集群创新网络的自组织演化机制研究》,《科技管理研究》2017 年第 4 期。